人文系列丛书

臧毅

吾心皈石

中国建筑工业出版社

图书在版编目（CIP）数据

吾心醉石／臧毅著. —北京：中国建筑工业出版社，
2015.4
（人文系列丛书）
ISBN 978-7-112-18081-3

Ⅰ.①吾⋯ Ⅱ.①臧⋯ Ⅲ.①石－文化 Ⅳ.①TS933

中国版本图书馆CIP数据核字（2015）第085207号

责任编辑：李东禧　吴　佳
责任校对：姜小莲　关　健
装帧设计：蒋　华
摄　　影：臧　毅

人文系列丛书

吾心醉石

臧毅　著

*

中国建筑工业出版社出版、发行（北京西郊百万庄）
各地新华书店、建筑书店经销
北京锋尚制版有限公司制版
北京顺诚彩色印刷有限公司印刷

*

开本：787×1092毫米　1/16　印张：11½　字数：275千字
2015年9月第一版　2015年9月第一次印刷
定价：108.00元
ISBN 978-7-112-18081-3
（27284）

弹指一挥间，匆匆数年，自早年收藏木器，到今天痴迷古石，整个身心都已为中国古代文化所吸引，终日畅游于古物之中怡然自乐而不能自拔，大概宿命如此吧。

　　自创办"瞻源"，于今已十余年矣。在中国近代百余年收藏史中，这十几年的飞速发展已经远远超过了以往任何一个时期，国人对古物的认知逐渐增加，古物的价值也得到了应有的体现。但也恰是此一时期，收藏界风起云涌，浮躁之风大盛，鱼龙混杂，泥沙俱下，重利轻文，审美混乱，盲从者众。

　　这是一个全民收藏的时代，也是一个专家辈出的时代，亦是一个大小拍卖公司层出不穷并占据舞台中央的时代。这些年，我看到了黄、紫家具一夜过后的暴涨，亦见证了一夜之后的暴跌；看到了人们对当代艺术的追捧，亦旁观了狂欢之后的冷漠；看到了明清瓷器的天价成交，亦感受到了宋瓷的美丽与孤独；看到了象牙、犀角、玉石、黄花梨等材质为主角的疯狂交易，亦无助于木雕、泥塑、石雕等古代艺术品的无奈与寂寞。或圆或长或带棱的老玛瑙珠串喧宾夺主，彰显了大众品位的强大力量，近现代书画屡屡出现的天价奇迹向我们诠释了有钱就是王道。

　　现今的收藏，常常是披在投资、投机身上的一层美丽的外衣，美其名曰的收藏家大部分只是投资、投机者，逐利、骄傲而盲从。浮躁的年代，浮躁的社会，浮躁的人们……

　　衣食足而知荣辱，精神富足才能陶冶情操，国人还需要进化。

　　工艺品规矩易懂，艺术品复杂多样；大众器物便于炒作，小众器物曲高和寡；标准化器物容易衡量价值，参与者众，而真正的古董则晦涩难懂。故当代收藏门类皆有导向，收藏理念往往本末倒置，其中三昧，难以言说。

　　"偶开天眼觑红尘，可怜身是眼中人。"世上熙熙攘攘，谁又能避开名利二字？人在江湖，难免不随波逐流。

　　吾辈虽入世沉沦，但心中始终渴望保留一片净土，期待能具备高贵的品质，能像智者般独立思考，能如婴儿般清澈纯洁，努力感知与欣赏艺术之美，在收藏中对话历代之先贤，在传承中触摸历史之痕迹，神游物外，陶醉其中，悠哉，乐哉！

　　独乐乐不若众乐乐，是为序。

老　藏
写于瞻源

写在前面

　　世界上存在八大艺术："绘画、雕塑、建筑、音乐、文学、舞蹈、戏剧、电影。"音乐、舞蹈、绘画、建筑、雕塑更是人类最早期的艺术形式，其中雕塑艺术的历史源远流长，最早甚至可以追溯到旧石器时代。

　　从神秘的史前雕塑开始，雕塑艺术便一直随着人类的发展而延续着。大约在公元前4000年左右，埃及的雕塑突然兴盛起来，并且形成了人类雕塑史上的第一个全盛时期，吉萨的狮身人面像便是当时的代表作之一。直到古希腊时期，西方雕塑正式开始了它漫长的旅程，也给我们留下了《掷铁饼者》、《米洛的维纳斯》等写实性雕塑的千古典范。希腊被罗马帝国征服以后，西方的文化艺术中心由希腊转移到了意大利早期的城市，沿袭了希腊雕塑追求真实之美的传统，创造了《奥古斯都全身像》和《卡拉卡拉像》等著名的雕塑。

　　由于中世纪雕塑长期受到桎梏和压抑才会产生15世纪文艺复兴非凡的爆发力。许多雕塑大师在这时相继涌现，比如多纳泰罗、米开朗基罗、詹波隆那等，文艺复兴的雕塑以其完美的技巧、宏伟的气魄和深刻的思想标志着欧洲雕塑史上继希腊罗马以后的第二个高峰，米开朗基罗则是文艺复兴时期最重要的雕塑家，他的一生创作了无数艺术精品，《大卫》便是其经典之作。

　　其后在经历了巴洛克、洛可可风格的艺术时期后，新古典主义雕刻开始流行，代表人物有意大利的卡诺瓦、丹麦的托尔瓦德森、法国的乌东等，其中乌东在肖像雕塑方面有着很深的造诣，他的著名作品有《伏尔泰像》。19世纪50年代前后，法国的现实主义运动诞生，罗丹的创作和艺术思想对于后世的雕塑有着深远的影响，他的代表作有《思想者》、《吻》、《巴尔扎克像》等，是他给辉煌的古典雕塑拉上了帷幕，叩响了现代雕塑的大门。

　　雕塑在人类发展史上留下了特殊的符号，它以纯洁的品质，坚硬的身体走过这漫长的岁月，见证着沧海桑田、历史变迁，以其坚实的外表、强烈的艺术表现力承载着历代艺术大师的情感与欲望！

作为世界大家庭中的一员，中国雕塑史一直与世界同步，特别是在佛教雕塑和清代园林雕塑上还曾经有过传承和借鉴。

中华大地，数易其主，兴亡沉浮，但汉文化一直延续至今，生生不息。在中国历史上同样出现过伟大的雕塑家，如戴逵、杨惠之等人，但在西方文艺复兴时期，中国正经历着亡国之痛与复国后的百废待兴。

封建制度下的中国，历朝历代无不提倡儒家正统，万般皆下品，这更使得中国雕塑一直没有得到正名。及至近代，更是闭关锁国，固步自封，直到 20 世纪初中国才在高等学府始由梁思成讲授中国雕塑史，而梁思成最早认知中国雕塑乃是在其学习旅游时在欧美各个博物馆中之所见，在这些被帝国主义掠走的我国大量石雕艺术珍品面前身心完全被震撼。后来大量翻阅欧洲和日本学者的有关专著，回国后经过大量的实地考察，梳理出中国雕塑史的脉络并传播于国际，始被国内认知。至此，清华才正式开设中国雕塑史这一学科。

新中国成立后，教学改革中剔除了雕塑一科。"文革"浩劫，破旧迎新，中国历史上虽有四次灭佛，但这次的暴风雨可能更猛烈了些，范围也更广了些。此后，石雕石刻被定义为田野文化……

了解人类的历史是对自己生命的尊重。

石雕造像

心灵的召唤

深夜，抬眼仰望苍穹，无边的黑暗混沌而深邃，满天星河，无穷无尽……

那神秘的世界，冥冥之中，隐藏着多少未知？前世今生，六道轮回，肉体消亡后灵魂将归于何处？

按照佛教的说法人类是如此渺小而无助，战争、饥饿、压迫、天灾、人祸，生老病死，造化弄人。人世太多苦难，唯有神佛降临人间，佛光普照，普度众生。人类精神有所寄托，心有所归，修今世，祈望来生，因果循环，有所惧，心生仁爱。

佛教以像立教，开山凿石，窟龛立像，大兴土木，广建寺庙。雕刻师呕心沥血，虔诚地用一刀一凿雕刻出心中所膜拜的佛祖真身，使神与人无限接近。今天，我们看到那些远古留存下来的佛造像，油然感受到那种神秘的力量，带着雕刻师虔诚的灵魂，扑面而来的是那出尘般绝世之美。

天地之间，依山而建，历春秋，经冬夏，一锤一凿，皆人力而为，历经多少朝代，多少雕刻师耗尽毕生精力而成。那一尊尊破空而出的石雕造像，或庄严肃穆，或怒目横眉，或慈颜常笑，或悲天悯人，站在她们面前，心灵会瞬间安静，灵魂出窍，仿佛脱离了躯壳而升华进入到另一个世界。每一条曲线，每一个表情，感受着这些远古的艺术品，体会它们真实的存在，令人迷醉其中，那神秘虚幻的世界瞬间将你覆盖，在这永恒于天地间的佛造像前顶礼膜拜，于冥冥中感受那来自另一个世界的召唤，亦梦亦幻——那是心灵的召唤。

让我们从远古遗存的石雕造像中去感受人类心中对极乐、往生、宇宙、玄秘之向往的神秘世界，这是古代雕刻师用心与血铸就的艺术品，让我们在感受他们的虔诚中顶礼膜拜！

艺术品收藏，重在领悟。在感动中识别，理解艺术品的真实存在，此乃艺术品收藏之终极诱惑。

北朝 立佛 青州博物馆

永恒的艺术

公元前 4 世纪，当亚历山大把广阔的中亚地区变成罗马帝国的殖民地后，希腊文化顺势传入印度，以犍陀罗地区为核心开始传播。古罗马人为神话传说中的诸神造像是希腊文明的重要组成部分，犍陀罗时期基本上仿效希腊人的做法，用理想的人体去表现神佛。古希腊文明与当地的印度文明以及贵霜族的伊斯兰文明相融合后，孕育出了杰出的犍陀罗佛像艺术。犍陀罗佛像艺术的诞生，不仅是佛教的一件大事，而且在世界艺术史上占有很重要的地位。从此，佛教艺术伴随佛的种种造像，开始向东亚、中亚、东南亚地区传播和发展。

佛教自西汉末年始传入我国，东汉至西晋时期，佛教自丝绸之路经新疆、甘肃、河西走廊到达中国，在中国的土地上传播，佛像造型也随之传入，随着中国佛教的发展而发展。至南北朝时期，石雕造像艺术达到了空前的繁盛，石窟在北方开凿之多，是历代都无法比拟的。犍陀罗艺术在这一历史时期对我国的石窟造像可谓影响至深，随着汉化政策的实施，艺术风格开始逐渐变化，形成了犍陀罗、鲜卑与汉文化的融合。佛教之所以迅速进入民间，这出尘般美丽的雕塑起到了至关重要的作用。

从隋至唐，政治、经济、文化发展到了一个高峰时期，成为当时世界上最发达的国家之一，佛教进入到了一个前所未有的鼎盛时期，佛教艺术也随之进入到了一个非常繁盛的时期。同时出现了一批石雕造像艺术家，在借鉴犍陀罗艺术的前提下，形成自己独有的风格特点，不再亦步亦趋用外来模式和手法，呈现出崭新的时代风貌，到达了中国雕塑艺术的黄金时代。

《五代名画补遗》中刘道醇有云："杨惠之不知何处人，与吴道子同师张僧繇笔迹，号为画友，巧艺并著。而道子声光独显，惠之遂都焚笔砚毅然发奋，专肆塑作，能夺僧繇画相，乃与道子争衡。时人语曰道子画，惠之塑，夺得僧繇神笔路。"杨惠之著有《塑诀》一书，惜已不存，被人们尊称为"雕圣"。然时至今日，吾辈只知吴带当风，少闻惠之神刻矣。

自唐以后，佛教流传于民间大众，佛造像艺术开始走入世俗化、人文化，之前的神圣和理想主义精神逐渐消失，造像形态及表情更加真实，形成了中国自己的雕塑风格。

面前的佛像拉近了人与佛的距离，那鬼斧神工雕凿出的神佛真身，那些宽容祥和而又气韵生动的表情，不知道感动了多少黎民百姓、王公贵族。

艺术借助宗教而复活，宗教也借助美轮美奂的造像艺术而传播开来，那一尊尊精美的佛像，庄严、慈祥、宁静、飘逸……形神各异，传达着久远的历史信息，带给世人美的享受，在此，艺术得到了永恒。

犍陀罗 释迦牟尼立像 美国洛杉矶县立艺术博物馆

2~3世纪 阿特拉斯像 巴基斯坦犍陀罗地区

北魏 交脚菩萨 云冈石窟

建于北魏南迁之前，可以看到犍陀罗风格的影子。

大爱北朝

公元 386—581 年

　　北朝是由北方游牧民族建立的，长期的混乱造成王朝的数度更替，而政治上的纷乱与黑暗却造就佛教的光明时代，除了两次灭佛期间外，历代帝王皆大兴佛教，举国上下，供佛拜佛，一事一物，受佛教之影响。此一时期，随着佛教的全面发展，佛教造像也普遍开展起来，开窟造像，斫石刻像，蔚然成风。

　　南北朝时，政治对立，佛学发展也大相径庭。南朝崇尚佛理，佛像塑造温和清丽；北朝则重宗教行为，大力建寺造像，佛像塑造沉静雄壮，数量和质量皆远胜南朝。此一时期的石雕造像艺术描绘的是人类理想中神佛的形象，不带一丝人间烟火，超凡出世。石雕艺人逐渐成熟的雕刻手法以及对神佛无比虔诚的心态，使得北朝石雕造像取得了登峰造极的艺术成就。著名的麦积山、云冈、龙门、巩义、天龙山、响堂山等石窟均开凿于北朝。

北齐 坐佛 青州博物馆　　右页 云冈石窟

北魏——古拙之美 公元 386—534 年

　　北魏乃拓跋鲜卑所建，于公元 398 年，迁都平成（今山西大同），历经 20 帝，共148 年。北魏疆域广阔，主要控制着中国北方地区。

　　北魏初期，佛教盛行全国，以致佛道相妒，于公元 444 年，太武帝弹压沙门，焚毁经像，废佛六年，太武帝驾崩，文成帝即位，下诏复兴佛教，物极必反，经过此难，佛教大盛，全国各地大举建寺造像。公元 460 年前后，文成帝于平成开凿云冈石窟，此乃我国历史上第一次大规模开窟造像，意义非凡。此时期的造像大气磅礴，佛像头饰波浪发型，高鼻深目，额方颐丰，肩宽丰厚，身躯伟岸，衣褶线条平和有力，朴实无华，表现出沉静哀雅、凝重古朴的艺术气质。

　　后北魏孝文帝为了加强中原地区的统治，迁都洛阳，积极推动汉化政策，并在龙门兴建石窟，王公贵族争相大兴佛事，营造石窟造像，祈福万世。此一时期，南北风格趋于统一，褒衣博带、秀骨清像成为南北方共同遵循的艺术模式。

　　北魏造像，早期与晚期，迁都前后，变化很大，但古拙之气一直贯穿始终，恰似雕刻师在初期程序条框还未成熟时，以念取意，取大势而弱细节，重整体而略局部。故北魏雕像敦厚古朴，无繁琐修饰，更显纯粹质朴，令人感动。在这扑面而来的雄浑气息中，让我们用心去感受吧！

　　　　　　北魏 坐佛 巩义石窟 这是我见到的最美的裙褶，层叠起伏，行云流水。

北魏 千佛 巩义石窟

北魏 王黄罗等人造像碑 山西省博物院 也叫王黄罗千佛碑，出土于山西高平市邢村。

北魏 佛头 青州博物馆
北魏 立佛局部 青州博物馆

北魏 皇兴造像正背 碑林博物馆

北魏皇兴五年制造，陕西兴平出土，正面圆雕交脚菩萨，背面藻饰的佛教故事和残存的大段铭文是其主要特点，画面构图奇巧、灵动、令人迷醉。

北魏 帝后礼佛图 巩义石窟 此乃石窟浮雕艺术之精品，构图简洁生动，刻工细腻唯美。

北魏 供养人 巩义石窟　　　　　　　　北魏 田延和造像 河南省博物馆

北魏 造像经幢 南涅水博物馆 此乃北魏民间所造，由多块石龛组合而成，佛像雕刻精美异常，描绘了当时的民间生活场景，内容丰富。

东魏——出尘之美 公元 534—550 年

公元 534 年，北魏分裂，权臣高欢另立元善见为帝，迁都于邺（今河北临漳县西，河南安阳市北），史称东魏，疆域包括今河南汝南，河南洛阳以东的原北魏东部地区及山东。

东魏历一帝，虽仅约 17 年，但在石雕造像上，不仅延续了北魏的特点，而且形成自己独特的艺术风格。东魏石雕艺人对雕刻技法的理解更为透彻，观察事物更为仔细，对人体结构的理解与把握逐渐成熟。东魏造像皆面形修长，长眉杏目，鼻秀唇薄，衣纹飘逸简洁，外轮廓清秀挺拔，身躯饱满圆润，此时期雕刻手法逐渐从浮雕向圆雕过渡。

东魏造像出尘飘逸，以理想中的意念来塑造神佛的艺术形象之美，在此时期达到极致。石雕艺人在对神佛的美好想象中完成一尊尊登峰造极的完美艺术品，如此真实而又虚幻，使得人与神佛的距离无限神秘。

　　　　东魏 释迦立像 山西省博物院　　　　　　　　东魏武定三年 郭妙姿造释迦坐像 山西省博物院

东魏 立佛 响堂山石窟 石窟开凿于东魏，成于北齐，造像形神刻画细腻优美，造型匀称飘逸，衣褶线条凸起，柔韧流畅。

东魏 兽 响堂山石窟

东魏武定四年 道智造释迦像 邺城博物馆

东魏 释迦立像 山西省博物院

东魏 彩绘贴金石雕佛菩萨三尊立像 青州博物馆 龙与莲结合是青州佛教造像的标志性装饰，左右两尊立头部皆为修复。

西魏——神秘之美　公元535—556年

　　公元534年，孝武帝愤高欢专权，逃至长安，投靠北魏将领、鲜卑化的匈奴人宇文泰，次年，宇文泰杀孝武帝，拥立元宝炬为帝，建都长安（今西安），史称西魏，与东魏并存，连年征战不息。管辖今湖北襄樊以北、河南洛阳以西和原北魏统治的西部地区。

　　至557年被北周取代，经两代三帝，历时22年。此一时期，举国上下崇尚儒学，逐渐摒弃崇佛论道之风，故石雕造像艺术发展缓慢，只是沿袭发扬了北魏晚期的风格特点。西魏造像传世甚少，很难归纳其典型特征，它只是作为北魏到北周的过渡时期，承上启下。那遗存下来的有限的珍品里，隐隐透出一丝丝神秘。

西魏　佛坐像　小雁塔博物馆

西魏 释迦立像 山西省博物院

西魏 佛像残躯 小雁塔博物馆

西魏 佛 小雁塔博物馆

北齐——绝世之美 公元 550—577 年

公元 550 年，高欢次子高洋废掉东魏傀儡皇帝孝静帝，改国号为大齐，建都邺城（今河北临漳县西，河南安阳市北）。北齐不但继承了东魏所控制的地盘，而且还不断扩大势力范围，国力鼎盛时占有黄河下游流域的河北、河南、山东、山西以及长江边的苏北、皖北广阔地区。

据传北齐为北周所灭，经六帝，享国 28 年。自高洋始，六帝频换，叔侄杀戮，同胞相残，兄弟通妻，荒淫无耻，诛杀良将，昏庸至极，残暴凶狠，素有禽兽王朝之称！但是，此时期的石雕造像却超凡脱俗，异常精美。

高洋之父高欢掌权后，为获得鲜卑贵族的支持，竭力推行鲜卑化政策，但其本身却是汉人，获取政权也主要是靠河北汉族豪强的支持。在这多元的民族背景下，石雕造像在吸收外来文化的基础上，已逐渐本土化，表现出来的完全是本民族人的五官造型及人体之美，在审美上形成了这一时期独特的雕塑风格。

北齐全民敬佛，鲜卑贵族、汉族豪强大肆修建陵墓，开凿造像，近代山西、河北、山东均出土了不少北齐佛造像精品。

此一时期造像已过渡到以圆雕为主，身躯饱满，轮廓明晰，小腹微凸，双腿轮廓隐约可见，体态优美，衣纹处理或繁或简，有的甚至没有刻画衣纹，恰似柔软的袈裟，如曹衣出水般紧贴在身躯之上，而"曹衣出水"便说的是北齐时期著名西域画家曹仲达那种带有犍陀罗风格的贴身衣纹的神奇画法。佛像额宽脸圆，五官细腻，已没有了之前的严峻神秘，眼光下敛，平和而安详，仿佛神佛来自人间，美轮美奂。

至恶的统治，绝美的佛像，在如此反差对比中更显一丝凄楚与神秘。当时的人类在无奈中生存，在无助中死亡，只能在神佛中走进极乐，祈祷来生。石雕艺人避世而琢，匍匐膜拜，用生命之心血去塑造神佛造像来满足对未来世界的渴望，这是用灵与肉创作出来的艺术品，难怪有这般摄人魂魄的美丽！

北齐 菩萨立像 程永怡藏石

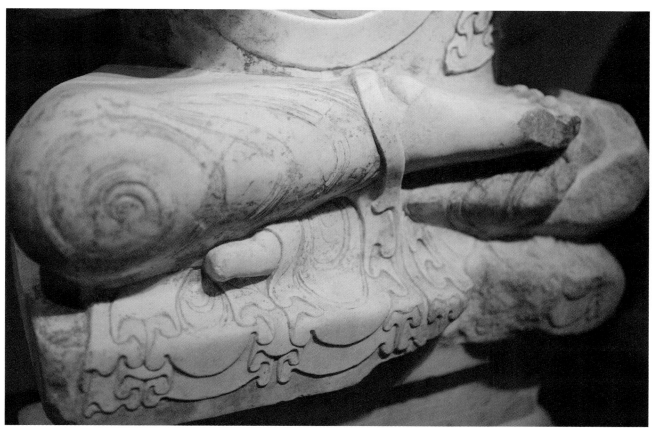

北齐 三佛之一之二 河北省博物馆

北齐天保七年（556年）赵郡王高叡扩建灵寿祁林寺时雕造的三尊佛像，薄衣透体，衣褶流畅，具有独特的表现手法和艺术情怀，大巧若拙。

北齐 立佛 河北省博物馆

北齐　白石菩萨立像　邺城博物馆 北齐　挟侍菩萨　河北省博物馆

北齐　释迦牟尼坐像　响堂山石窟

北齐 镂雕弥勒七尊像 河北省博物馆　　　　北齐 释迦立像 山西省博物院　　　　北齐 观世音立像 河北省博物馆

北齐 佛头 邺城博物馆

北齐 菩萨立像 青州博物馆

北齐 坐佛 青州博物馆 青州造像，形体线条流畅，菩萨衣饰华美，繁缛精细，具有极强的艺术感染力。就像此坐佛之衣褶，不得不赞叹古代雕刻艺术家之伟大。　　33

北周——敦厚之美 公元557—581年

公元557年，宇文觉废西魏恭帝自立，国号周，都长安（今西安），史称北周，历五帝，共24年。

公元577年，北周灭北齐，统一北方，结束了自东、西魏以来长期的分裂割据局面。北周武帝推崇德治，雅好儒求，断佛、道两教，经像悉毁，罢沙门、道士，并令还民。并禁诸淫祀，礼典所不载者，尽除之。一时间，北周境内"融佛焚经，驱僧破塔……宝刹伽蓝皆为俗宅，沙门释种悉作白衣。"北周之佛教一时绝迹。

周武灭佛，时间长，涉及面广，乃佛教之一大浩劫，数百年来官私所造塔寺佛像尽皆被毁，建德六年灭齐，齐境内佛像亦遭此厄运。宣帝后，佛教复兴，造像之风复盛，但经此一难，雕刻艺术已不复从前，皇家贵气之美已不存焉！此时期佛像造型姿态僵直，缺乏动感，额方脸短，虽带有浓重的民间色彩，但质朴外表下别有一种敦厚之美。

北周 佛立像 小雁塔博物馆 　　　　　　北周 佛立像 汉唐博物馆

北周　五佛　碑林博物馆

北周　佛头　碑林博物馆

黄金时代

隋——承上启下 公元581—618年

公元581年，北周静帝禅让帝位于杨坚，杨坚登基为帝，即隋文帝，国号隋，定都大兴城（今西安），并建东都洛阳。公元589年，灭南朝，公元590年，收复岭南诸州，一统天下，形成万邦来朝的恢弘局面。

隋朝是五胡乱华后汉族在北方重新建立的大一统王朝，结束了自西晋末年以来长达近300年的分裂局面。隋文帝时期，社会民生富庶，人民安居乐业，政治安定，形成了中国历史上最繁荣的时代之一的"开皇之治"。佛教在此时进入极盛阶段，文帝深信自己与佛有缘，积极提倡佛教，晚年甚至排斥儒学，使得佛教成为隋朝国教，至隋炀帝甚至向天台宗受戒，成为佛家弟子，于是，广建寺塔，大塑佛像。

自北周武帝灭佛以来，至此方始大兴，修复、新造佛像无数，使复旧观。隋代国运虽仅38年，但在技法上传北朝余韵，下启唐代之成熟，汉文化为主导地位充分反映在雕塑上，犍陀罗艺术特点基本被吸收，消亡殆尽。在艺术塑造上写实性大大提高，佛像人物结构严谨，比例科学，衣褶变化复杂繁多，服饰华美，唐代佛像略带北齐与北周的零星旧影，为唐代石雕艺术巅峰的到来打下了坚实的基础。

隋 菩萨像 小雁塔博物馆

隋 佛立像 碑林博物馆

隋 菩萨立像 碑林博物馆　　　　　隋 交脚弥勒 碑林博物馆　　　　　隋开皇五年 观音立像 山西省博物院　37

唐——黄金时代　公元618—907年

　　唐代，中国历史上最强盛的时期，李渊于公元618年建立，定都长安（今西安），设东都洛阳，武周时期设太原为北都，历经"贞观之治"，"开元盛世"，享国298年，开创了我国历史上的黄金时代。

　　盛唐时期，佛教发展也同时达到巅峰。唐太宗礼敬玄奘，为他组织大规模的译场。垂拱四年，薛怀义、法明等作《大云经》识文，称武后为弥勒转世，致使武后称帝后大建佛寺。天竺沙门不空不但曾入宫为玄宗灌顶，且受肃宗、代宗重用。佛教由于得到唐代诸帝扶持，达到了空前隆盛。

　　佛教盛期，使得敦煌、龙门、麦积山、天龙山等石窟在唐朝步入全盛，我国的雕塑发展也达到了巅峰状态。

　　唐代，文化开放，雕塑界人才辈出，南北古今融会贯通，掌握了高超的塑造技巧，以形写神，完全掌握了不同人物的气质与神韵。"道子之画，惠子之塑。"惠子指的便是这一时期最杰出的雕塑大师杨惠之，后人誉之为"塑圣"，与画圣吴道子齐名，可惜其所著《塑决》一书已然失传，就连其作品也无一幸存，只能从唐代的雕塑中感受此时期伟大雕塑家的鬼斧神工了。

　　唐之初，政治安定，经济发达，文化丰富，四夷宾服，万邦来朝，长安城人口过百万，融合了多民族、多宗教，成为多元化、国际化的大都市。玄奘法师自印返唐，曾携回摩揭陀国的龙窟影像、鹿野苑的初转法轮、佛陀自天宫降履宝阶、那揭罗曷国伏毒龙所留影、吠舍釐过巡城行化等像的模刻。与唐史王玄策同行的巧匠宋法智等均从西域带回天竺稿本、菩提瑞像摹本，将之融入唐代雕塑师的创作中。这些自西域带回中原的天竺稿本，对唐代的佛教造像影响匪浅，雕塑师巧妙地将其融入到中国的艺术传统之中，通过雕塑师们丰富的想象力，开创了本土佛像特有的风格。相对北朝时期，唐代佛像雕塑艺术更加民族化。

　　唐代中期，在民间，佛教与百姓生活打成一片，俗讲和变文普遍，法会及礼忏流行，佛教信仰深入民间。这一时期的佛像风格自然也更趋于世俗化，以对神的美好幻想来表现人间的生活，使得佛教造像更加写实，这样的雕塑更接近于普通人民，更容易使人接受，也更符合人们的愿望。所以，情感便成为佛像制作的一大因素。写实，给了雕塑师更多的创作空间及表现机会，根据对造型比例的熟练掌握，用生动的姿态、变化的曲线，塑造出了栩栩如生的佛像，充分表达出了人世间美好的愿望与期盼。

　　唐代雕塑"海纳百川，有容乃大"，以其对中外文化巨大的包容性，归纳与吸收，将它们融入自己的民族并使之形成自己的艺术风格。对写实的崇尚使得雕塑师竞相进行艺术创作，使得唐代艺术发展进入到新的高峰，在艺术上取得了很高的成就，是后来各个时期所未能企及的。

唐 坐佛 石佛居藏石

唐 十一面观音造像 河南省博物馆

唐 菩萨立像 山西省博物院

唐 佛坐像 河北省博物馆

唐武周 释迦坐像 山西省博物院

唐 坐佛 山西省博物院

唐 汉白玉弥勒佛造像 河南省博物馆

唐 佛坐像 碑林博物馆

唐 力士头像 私人收藏

唐 带花冠力士像 河北省博物馆

唐 天王 碑林博物馆

唐 菩萨立像 碑林博物馆　　　　　　　　　　　　　唐 菩萨立像 山西省博物院

　　　　　　　　　　　　　唐 文殊菩萨 碑林博物馆

唐 坐佛 榆社博物馆 纯粹的薄衣透体，绝对的曹衣出水，一系列的长线、短线，曲直有度，刚柔并济，疏密有致，是绝美的艺术品。膜拜！

唐 阿难 山西省博物院

唐 迦叶 山西省博物院

后唐，唐后

安史之乱后，形成藩镇割据，全国战乱不息， 国无宁日，佛教造像一度凋零。其后唐武宗灭佛，造成佛教历史上之最大劫难，史称"**会昌法难**"， 使得佛教从此一蹶不振。

晚唐， 黄巢起义后， 国力大伤， 唐朝正式走向灭亡， 历史进入了更迭频繁的五代十国，战火始终未能平息。直至后周后期才逐渐安定，但周世宗又于公元955年大废天下佛寺，此一时期再经受如此打击，对佛教造成了毁灭性的打击。

历史的车轮滚滚不息，华夏的历史又走到了宋与辽、金南北两百多年对峙的阶段，虽然边境烽烟不断，但此时期各国家内部还是十分稳定的，出现了前所未有的繁荣局面。

宋代重道轻佛，辽崇尚佛教，金次之。此一时期，形成了多种宗教并存的局面，佛教文化与雕刻艺术皆传承于唐，雕刻艺术也以木雕和泥塑为主。石雕造像则更加人性化，神佛皆柔美亲切，平易近人，外来风格的影响至此已消弭殆尽，造像风格完全本土化，在庄严肃穆的外表下充分显露出了世俗人间的生活情感。

随着蒙古铁蹄大举南下，南宋亡，整个文人中华被蒙人统治近百年。待明太祖驱逐胡虏，统一中华，享尽三百年国运。后满清入关，使历史倒退经年。

元、明、清时期佛道造像也不乏精品，但皆是雕刻精美，制式单一，缺乏人文精神与创造力的作品，佛像塑造注重外形的精美而忽略宗教之内涵，在神韵上无法和前朝媲美，缺乏艺术的感染力。

假设一下，倘若蒙古人没有在历史上出现，金其实已经完全汉化，国泰民安，安逸而乏战，南宋未必会灭亡。以当时政治之开明、经济之强盛、文化之繁荣，在13、14世纪与欧洲文艺复兴同步，并非妄谈。如此，人文主义思想将会兴起，人之个性将会被解放，以国人之智慧，文化将继续向前发展，雕塑艺术的精髓必然得到传承， 同西方一样会产生众多伟大的雕塑家。如此，中国古代、近代雕塑史将会被改写。一切的一切又会怎样？

五代 十二生肖之马、鸡、龙、鼠 河北省博物馆

五代 彩绘散乐图浮雕 河北省博物馆

五代 罗汉 邯郸市博物馆

北宋 罗汉 邯郸市博物馆

北宋 观音 小雁塔博物馆

北宋 菩萨像屏 山西省博物院

北宋 阿难立像 山西省博物院

北宋 罗汉 青州博物馆

北宋 罗汉 小雁塔博物馆

47

北宋　石棺　郑州博物馆

48　　四周雕刻"释迦牟尼涅槃十弟子送葬图"，每侧五人，形象真实细腻，声泪俱下，形象感人。如此精美之造型，细腻之刻工，不得不让人赞叹宋代艺术家技艺之精湛。

北宋 天王 郑州博物馆

49

辽 力士 山西省博物院 　　　　　　　辽 观音菩萨立像 山西省博物院 辽文化吸纳传承于唐，猛一看，俨然唐代雕塑。

辽 经幢浮雕 云居寺

简洁的造型，石头因风化而龟裂，更显岁月痕迹、历史沧桑。石刻收藏，不仅带来艺术之美，更能让人体会到"念天地之悠悠"般情怀。

辽 观音菩萨立像 山西省博物院　　　　　　　　金 菩萨头像 山西省博物院

元 菩萨造像 洛阳博物馆

明 佛坐像 小雁塔博物馆

明 周仓、关平像 碑林博物馆 出自陕西省富平县,高2米多,造型饱满,身体雄壮,威风凛凛,雕刻极为精美。

明　佛碑　河南省博物馆

大成若缺

　　佛教传入中国两千余年，由于历代帝王的崇尚与推广，加上佛教以像立教的理念，使得中国石雕佛造像艺术取得了极高的成就，创造了很多不朽之作。

　　佛教造像在历史上每个时期都有不同的风格。由于政治、经济、文化以及信仰等原因，使得佛教造像艺术在历史上经历了很多转折与发展，北朝到隋唐时期，佛教造像艺术达到了顶峰。但此期间的"三武灭佛"却使得佛像屡屡被毁，至五代周世宗灭佛，更使得佛教完全没落。

　　公元 444 年，北魏太武帝信奉道教，以致诛戮沙门，焚毁天下经像，此为首次灭佛，历经 6 年，至北魏文成帝即位，佛教方始复兴。

　　第二次毁于公元 574 年，北周武帝为了强国富民，融佛焚经，驱僧破塔，此次法难时间长，涉及面广，使得北朝佛像毁灭殆尽。想想东魏、北齐那些绝世之作，那些出尘脱俗的绝美造像，被野蛮无情地摧毁，想来是如此令人心痛！

　　"会昌法难"（公元 841~846 年）始于会昌初年，唐武宗信奉道教，以"十分天下财，佛有七八"为由勒令天下灭佛，至会昌末年达到高潮，尽毁寺庙，还俗僧尼。唐朝幅员辽阔，此次灭佛使得天下佛地无一幸免，自此，佛教逐渐衰落。

　　唐朝灭亡后，因为连年战乱，国家积弱不堪，公元 955 年，后周世宗整顿佛教，废毁寺庙，世称"一宗法难"。由于此时佛教已然衰败零落，经此一劫，从此衰微不振，不复兴焉。

　　弹指千年，现在想来，如此纷乱复杂，刀光血影，佛门不静，浩劫重重。佛教在中原大地上几度沉浮，多少寺庙、经卷、佛造像等艺术品惨遭涂炭，毁于一旦。惟一庆幸地是，石雕造像由于材质的特殊性，使得毁佛时被敲碎破坏后不好焚毁，又无法挪作他用，基本上都就地掩埋了，它们沉睡千年，于今重见天日，使得我辈还能亲眼得见，幸甚！

唐 马头 汉唐博物馆　右页 唐 坐佛 山西省博物院

古老的石雕造像，在近代的百年历史中始被重视，成为世界各大博物馆及国内、外收藏家们所追逐之物。虽然这些美轮美奂的石雕艺术品大多残破不全，但那残存之美同样震撼着我们的心灵，令我们感动，为之陶醉。

　　这些残缺的石雕造像，厚重的历史沉淀在它们的躯体上，岁月的痕迹布满其间，等待与我们相见，要向我们诉说千年的沧桑。

　　在这雕塑师用心血铸就的雕像里，隐藏着巨大而神秘的力量。这些绝美的艺术品毁而不灭，每一段躯体，每一个碎块，独立而存在，伫立在这历史的河流中，感动着你我。在它们面前，当我为之沉醉的时候，经常会有一种幻觉，感觉它们是有生命的，不是我在聆听它的述说，而是它在审视我的前世今生。

　　残缺之美，读懂了，你的思想可以飞翔！恰似那残缺了双臂的维纳斯，也许恰恰是她双臂的残缺，给了你想象的翅膀，激发了你的审美情趣和无限的遐想空间，使你和它相融，不自觉地参与到艺术创作的神奇想象中。

　　在这些残破的躯体中，浸润着历史的轨迹，令我虔诚膜拜。它们，既是残缺的，同样又是完美的。大成若缺，我们在想象中弥补了它们的残缺，它们反而拥有了更多内容，从而更加完美！

　　　　　　　　　　　　　　佛像残件　河北省博物馆

唐 力士 留余斋藏石

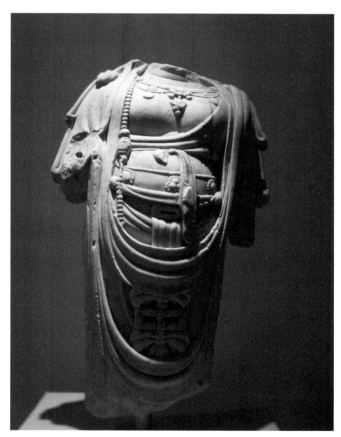

辽 菩萨立像 山西省博物院

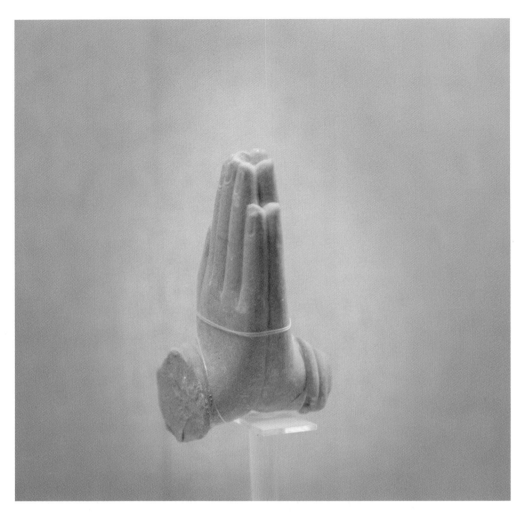

宋　佛手　邯郸市博物馆

　　　　　　　　　　　　唐　力士　石佛居藏石

北宋 童子问佛 私人收藏

北魏 造像残件 汉唐博物馆

不见五陵豪杰墓，无花无酒锄作田。

陵墓石雕

卷二

另一个世界

远古的人类相信灵魂的存在，活着的世界也叫阳间，人死即阳寿已尽，肉身消失后，灵魂将进入另一个神秘的世界。

那神秘的世界是如此虚幻莫测，是地狱？是天堂？是极乐世界？或是和阳间一样景况的另一个世界？谁也无从知晓。但越是恐惧，人类越是好奇，越是神秘，人类越是向往。于是，人类便在自己创造的各种宗教、神话中寻找答案，并且热衷于神仙传说，追求长生不老，企盼永享极乐。

当神仙不可见，长生不可得时，他们又迷上了"死即再生"的观念，希望生时极尽人世欢娱，死后还能继续，于是，大建墓室，使墓室再现墓主生前环境，以便死后继续享受。

中国自古提倡"以孝治天下"，而行孝的大端，又无过于生极其欲，死更厚葬。花钱千万为死者建造墓、阙、祠堂是孝的终极表现。

古人并不认为灵魂随肉体的消亡而化为尘烟。佛教讲究前世来生，六道轮回，以慰心灵。生者竭尽全力，以求逝者灵魂安息，同时也是对那个神秘世界的敬畏与祭拜。

远古时代的殡葬极为简易，到了战国时期，帝王陵墓初具雏形，秦始皇统一六国后，在建供生前物质、精神生活所需的宫殿建筑的同时，也开创了修建供死后物质、精神生活所需的陵寝建筑的先例。其修建的陵墓也是迄今为止的世界之最，当年秦陵"坟高五十余丈"，折算成现代的高度为115米左右，占地56.2平方公里。《史记·秦始皇本纪》记载："始皇初继位，穿治骊山及并天下，天下徒送诣七十余万人，穿三泉水，下铜而致椁，宫观百官奇器珍怪徒臧满之。令匠作机弩矢，有所穿近者，辄射之。以水银为百川江河大海，机相灌输，上具天文，下具地理。以人鱼膏为烛，度不灭之者久。"

乃至于汉，更是时尚厚葬，豪强不限南北多建立之。汉武帝刘彻在位54年，茂陵修了53年（公元前139年开始营建），至其下葬时，当初栽的小树已然参天。刘邦在世时定了汉陵制："高十二丈，方百二十步"，但刘彻可能考虑到自己的丰功伟绩比刘邦还大，故"惟茂陵十四丈，方百四十步"，其封土高近50米，堪比秦陵，有人因此称茂陵是中国的金字塔。东汉献帝末岁，魏武王曹操因天下凋敝，下令制止厚葬之风，并禁止墓前立碑及石兽等物，之后薄葬在魏晋两朝普遍实行。

东晋，厚葬重起于时，陵寝制度稍有恢复，至南北朝时，葬风奢靡日盛。据《南史·齐豫章文献王嶷传》载，宋长宁陵"骐驎及阙，形势甚巧，宋孝武于襄阳致之，后诸帝王陵皆模范，而莫及也。"

而后盛于唐，唐陵共有19座，乾陵即为其中一座，它也是中国乃至世界上独一无二的一座两朝帝王合葬墓，葬着女皇帝武则天和唐高宗李治。乾陵营建时，正值盛唐，国力充盈，所以陵园规模宏大，建筑雄伟富丽，为唐代帝王陵墓中最大。乾陵不只规模宏伟，陵内的陪葬品之丰也堪称帝陵之最。据说，李治的陪葬品的价值占大唐一年税赋的1/3，武则天死后，又有同样多的金银珠宝被她带进了乾陵。

到了明清，又达到了一个高潮，而明清两代皇陵也是中国帝王的陵墓中保存最为完整的。明朝皇帝的陵墓主要在北京的昌平，即十三陵，为明代定都北京后13位皇帝的陵墓群，规模宏伟壮丽，景色苍秀，气势雄阔，是国内现存最集中、最完整的陵园建筑群。清东陵占地78平方公里，其中埋葬着清朝5位皇帝，14位皇后，百余名嫔妃，是中国现存陵墓建筑中规模最宏大、建筑体系最完整的皇家陵寝，陵内的主要建筑皆精美壮观，极为考究。

在这漫长的历史进程中，中国陵墓建筑得到了长足的发展，产生了举世罕见的、庞大的古代墓群，且在演变过程中，陵墓建筑逐步与绘画、书法、雕刻等诸艺术门派融为一体，成为反映多种艺术成就的综合体。

石刻是中国陵墓的重要组成部分，陵前的神道最为突出，这些石刻在历朝历代皆有定式，主要用于表示战功与成就，或是象征警卫与仪仗。据唐人封演在其《封氏闻见记》卷六"羊虎"条下记载："秦汉以来帝王陵前有石麒麟、石辟邪、石象、石马之属，人臣墓有石羊、石虎、石人、石柱之属，皆所以表饰坟垄，如生前之仪卫耳"。《宋书·礼志》亦记载："汉以后，天下送死奢靡，多作石室、石兽、碑铭等物。"

古埃及《金字塔铭文》中有这样的话："天空把自己的光芒伸向你，以便你可以去到天上，犹如拉的眼睛一样。"作为宇宙的智慧生灵，不论是历代帝王将相，还是庶民凡人，无不怀着对那个神秘世界的恐惧与期待，去寻求灵魂的归宿与重生的渴望。

北宋 石雕群 巩义宋陵

汉之浪漫情怀

公元前 202—220 年

大风起兮云飞扬，

威加海内兮归故乡。

安得猛士兮守四方！

汉高祖刘邦的一首《大风歌》带我们回到了两千多年前那个英雄辈出、激情燃烧的时代，没有一点自卑自怜，有的是强大的自信、是张扬的个性、是奔放灵动的气势。那个时代充满了由楚文化而来的天真狂放的浪漫主义情怀。

公元前 202 年，西汉建立，定都长安（今西安）。公元 8 年，王莽篡权，直至公元 25 年，刘秀称帝，建立东汉，定都洛阳。汉朝和同时期欧洲的罗马帝国并列为当时世界上最先进的文明以及最强大的帝国。在秦朝疆域的基础上又进一步开疆拓土，疆域鼎盛，为华夏五千年的社会发展奠定了基础，华夏族因此逐渐被称为汉族。

历史悠久的华夏文化，尤其是春秋战国时期的文化，给汉代文化特色的形成提供了珍贵的文化资源，使它成为了华夏传统文化的集大成者，此时期石雕的发展在中国历史上具有划时代的意义。

鲁迅先生说过："惟汉人石刻，气魄深沉雄大"，吾深以为然。

汉代陵墓雕刻突出地体现了当时石刻艺术的水平和鲜明的时代特征，突破了秦代以来的写实之风，以其大胆写意、浪漫恣意的风格开辟了中国古代艺术的新风尚。汉代的写意风格千百年来久盛不衰并发展成为了中华民族特有的艺术风格，对后世影响至今。

汉代的陵墓石雕，以西汉霍去病墓地的石雕作品为典范。为了纪念这位大将军，雕塑师把墓地修建成祁连山的形状，在山形墓地里遍植草木，并雕刻了一些石猪、石虎等凶猛异常的野兽隐没于墓地之中，以营造经常有野兽出没的特殊地理环境。在墓地前草坪里还放置了一组以战马为主题的大型石刻作品，《跃马》、《卧马》、《马踏匈奴》这三件作品象征性地展现了霍去病将军当年带兵打仗的过程，并以此歌颂将军所建立的奇功伟业。整个墓地没有一尊霍去病的雕像，但是人们却能够通过墓地睹物思情，回忆起将军当年带兵作战之艰难的情形，通过以战马为主题的石雕作品，让人们联想起将军的军队之雄强。

"大用外腓，真体内充。返虚入浑，积健为雄。具备万物，横绝太空。荒荒油云，寥寥长风。超以象外，得其环中，持之匪强，来之无穷。"（司空图《二十四诗品·雄浑》）

汉代的意象雕塑手法是中国雕塑最强烈、最鲜明的艺术语言，它是与西方写实体系相对立的另一审美体系。不求外形相似而求对内在精神、本质的体现，追求不似之似的创作形式，更好地体现了雕刻者的创作意念与审美情趣。

西汉刘安在《淮南子·说林训》中提到"寻常之外，画者谨毛而失貌"，意谓作画不能细逐微毛，若然，便会使画面的大貌有失。"谨毛失貌"论是现知的中国古代最早的真正意义上的绘画理论，在当时被广泛认同，不仅对绘画产生了影响，而且对汉代的整个美术领域都产生了影响，形成了汉代美术注重表现整体气势的美学风貌。以西汉霍去病墓地石刻为例，雕刻者根据石头的天然形态，依形取势，精心构思，从整体入手，巧妙运用多种雕塑语言，并融合中国绘画的特点，力求外形轮廓的清晰，特征突出，刀法洗练、概括、单纯、奔放，雕塑作品中不作细节小处的精雕细琢，集中表现了动物的庄重雄强，强化了动物内在精神的体现，作品含蓄，质朴。例如《马踏匈奴》，雕刻者以圆雕、浮雕、线刻手法结合使用，雕刻了一匹高大壮实的马，将一个匈奴兵踩在脚下，注重整体，取舍大胆，着重体现了马的强壮，舍弃了鬃毛、马尾等，体现出了战马气宇轩昂、庄重雄强的特征。《跃马》则利用一块平整的大石块，大胆概括，强化战马的头部与颈部，刀法奔放有力，外形轮廓极为清晰，线感强烈，无论外形还是肢体结构的表现，都恰到好处地运用中国画的线条的表现力创造了一匹腾空而起的战马，充满生气与活力。为了加强力量感与整体感，雕刻者保留了马颈之下的那部分石头，给人充分的想象空间，耐人寻味。

霍墓石刻不仅是楚汉浪漫主义的杰作，也是中国户外纪念碑形式的陵墓雕刻作品的典范，不同于汉代以前的旧的雕塑模式，形成了更加成熟的中国式纪念碑雕刻风格，具有划时代的意义。面对这些两千多年前雕塑师创造的精美的艺术品时，我们仿佛穿越了时空，回到西汉初年那战火纷飞的时代。

汉代的石雕以其豪迈奔放、激情浪漫的气质，凝重、博大的气魄，彰显了刚健雄浑的艺术风格。作品中现实性与浪漫性、艺术性与思想性完美结合，呈现出了独特的艺术风格，且延传至今。

东汉 避邪 洛阳博物馆

汉　卧马　霍去病墓

　　　　　　　　　　汉　翁仲　曲阜汉碑馆

汉 虎 霍去病墓

汉 跃马 霍去病墓

汉 马踏匈奴 霍去病墓

汉 天禄 河南省博物馆

汉 羊 青州博物馆

汉画像石——幽冥梦幻

    汉画像石是我国古代文化遗产中的瑰宝，是汉代没有留下名字的民间艺人雕刻在墓室、棺椁、墓祠、墓阙上，以石为地、以刀代笔，融合绘画、雕刻、工艺美术和建筑艺术的石刻艺术品。

    汉代盛行的画像石，是一种特殊的浮雕形式。以刀代笔，或阳刻，或阴刻，或两者结合，或浮雕与刻画相结合，可谓雕中有画，画中有雕。画像石通常是作为建筑装饰，镶嵌在祠堂、陵阙，更多是墓室内门侧的砖室上。画像石的规模和艺术水平，体现了墓主人显贵的地位，大多集中在经济富庶，文化发达、附近石料充足的地区。汉画像石墓以河南、山东、陕西、山西、四川、江苏、安徽等地区为多。

    汉画像石内容庞杂，记录丰富，就像一部汉代社会图像的百科全书。其中比较常见的题材大致可划分为三类：一类是与墓主有关的各种活动，包括表现墓主庄园内各类经济活动的农耕、放牧、狩猎、纺织等；还有与墓主人经历或身份有关的题材，如车马出行、随从属吏、谒见、幕府等；还有有关墓主生活的内容，如燕居、庖厨、宴饮和乐舞百戏等。另外还有两类，一类是宣扬忠孝节义的历史故事，主要为忠臣孝子、节妇烈女和古代圣贤；另一类是神话故事，主要有东王公、西王母、伏羲、女娲、四神、奇禽异兽等，还有被天人合一思想和谶纬之术认定为吉祥的事物，如神鼎、祥云等，象征天空的日月星辰和云气也多有表现。

    汉画像石具有囊括宇宙、融合天人的宏大气魄，其对汉代繁荣发展所创造的世界，充满坚定的信心与力量，它依据优越的政治、自然环境，对神话、历史、现实进行归纳，以浩大的气势与力量去表现人类征服外部世界的雄伟意识。

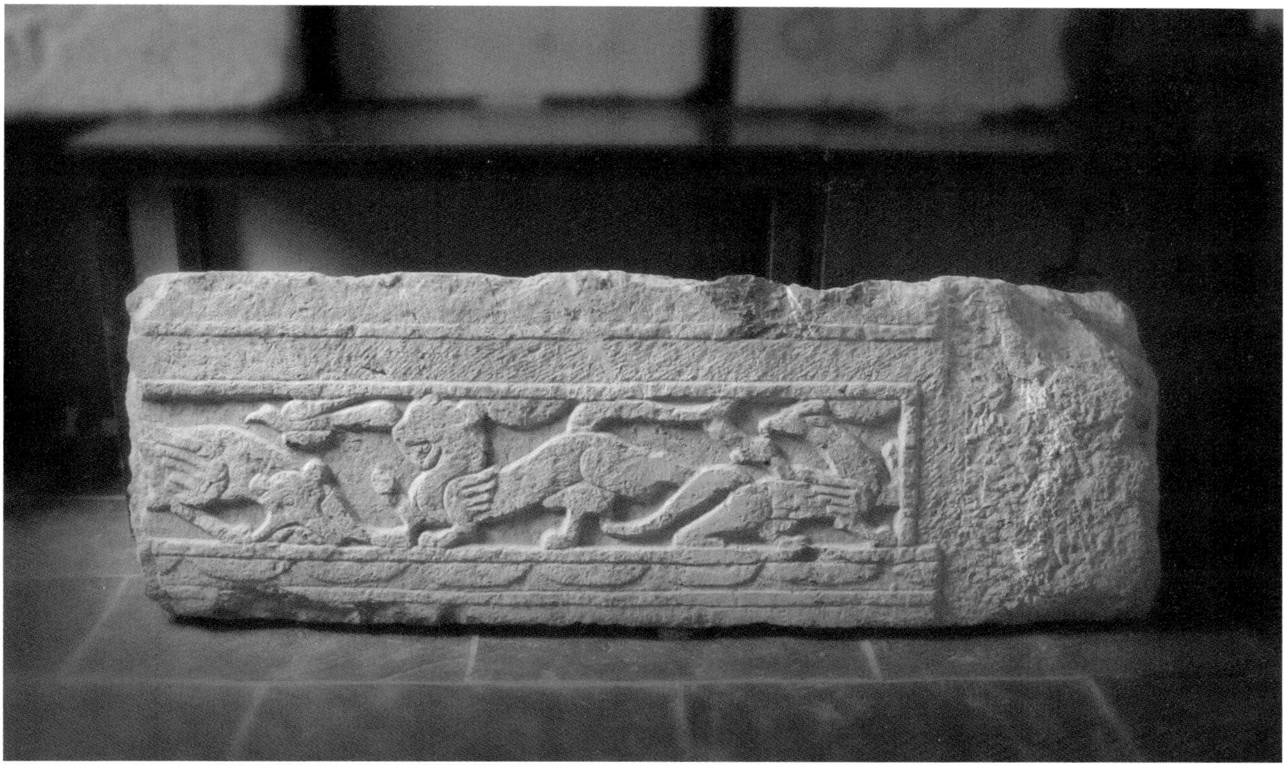

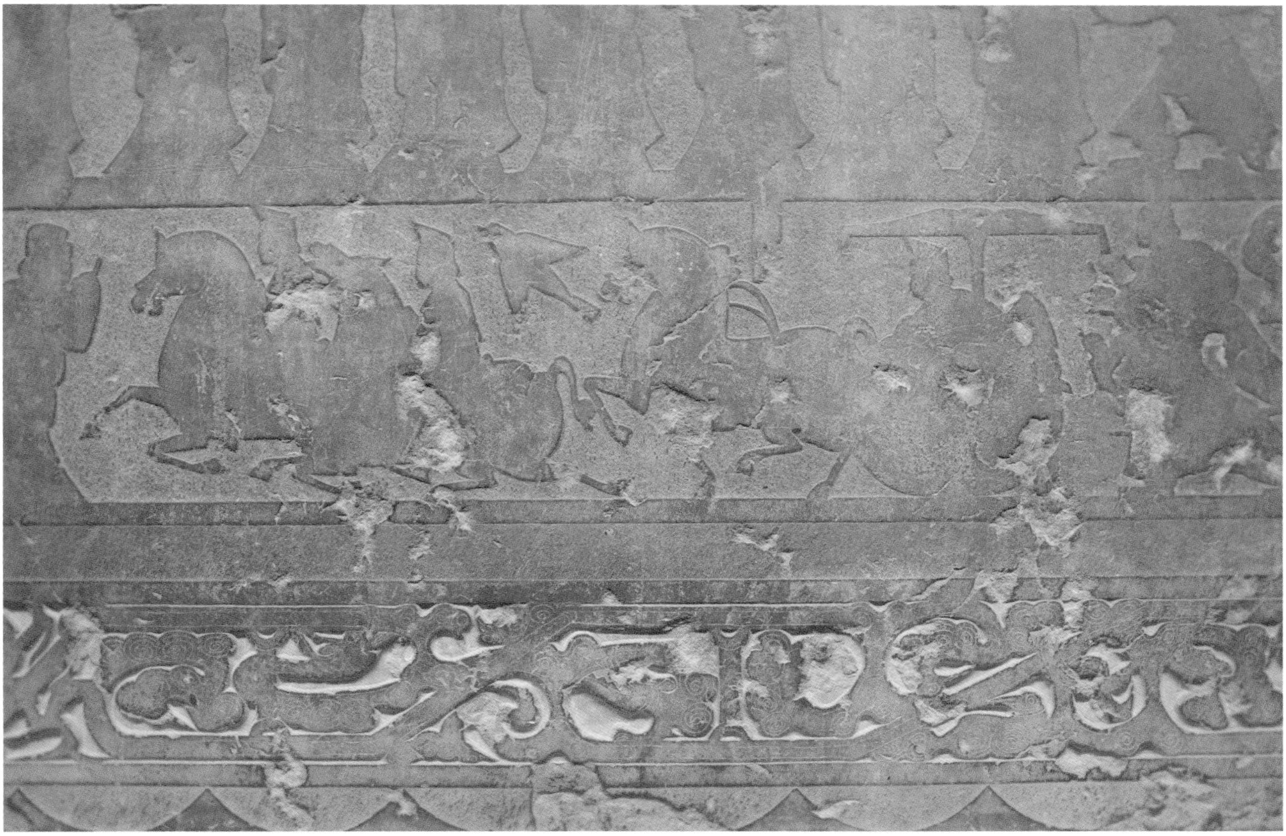

汉 画像石 瞻源藏石
汉 画像石 嘉祥武氏祠藏石

南朝神兽

公元 420—589 年

　　南朝，是中国历史上南北朝时期与北朝相对的南方偏安政权，共经历了宋、齐、梁、陈四个政权时期。历史学也把南朝与东吴、东晋并称为"六朝"，先后建都于建康（吴称建业，今江苏南京），因唐朝人许嵩在《建康实录》一书中记载了这六个朝代而得名。

　　南北朝经历了中国历史上的大分裂，多个政权交替，时局动荡，争战不断，是一个黑暗混乱的时期。同时，整个六朝时期也是一个经济文化大发展，民族大融合的时代。六朝时期的文学与清谈、绘画与书法、陵墓石刻艺术、科学技术等构成了我国传统文化的经典之作。一首南朝诗人谢朓的《入朝曲》道尽古都南京的旖旎。

　　江南佳丽地，金陵帝王州。

　　逶迤带绿水，迢递起朱楼。

　　飞甍夹驰道，垂杨荫御沟。

　　凝笳翼高盖，叠鼓送华辀。

　　献纳云台表，功名良可收。

　　南北朝时，葬风奢靡日盛。宋孝武帝曾镇守楚地多年，可能对南阳、襄阳等地豪强立石兽守墓的风俗感受颇深，故而在登基后，为长宁陵设石兽于神道以尽孝道。其后，此类荆楚风格的石兽开始在南朝帝陵及大臣墓前盛行，今天只丹阳一地的南朝陵墓石刻就有 12 处遗存。其他按地区划分，南京栖霞区 13 处、南京江宁区 7 处、句容 1 处，但总体不如丹阳之精美可观。

赑屃　齐明帝萧鸾兴安陵石刻

南朝帝陵前石雕，主要有麒麟、天禄、辟邪和石柱、石碑等，这些石兽胁下均有飞翼，形态不一，雕刻生动，气魄宏伟。以陈文帝永宁陵前的一对最为典型，长度与高度均3米余，高大雄壮，昂首挺胸，张口垂舌，作仰天长啸状，双翼饰鳞纹和羽翅纹，遍体饰卷毛纹。王侯墓前石兽通称辟邪，为有翼狮形异兽。以梁临川郡王萧宏墓前的一件辟邪最为典型，其双翼圆转，尾拖及地，肌丰骨劲，体形肥短，前胸及翼侧等处浅刻简练的卷云纹，姿态传神。

　　天禄、辟邪作为神兽安立墓前，兴起于东汉，据记载多见于帝都洛阳以及豫楚交界处豪强云集的南阳、襄阳，遗迹知名者有宝丰县州辅墓天禄、辟邪，襄阳坞某君墓天禄，谷城县蔡瑁墓天禄，另在四川雅安一带也有分布，如雅安高颐墓天禄、辟邪，庐山樊敏墓和杨君墓的天禄、辟邪。东汉时，对天禄、麒麟、辟邪的区别暂无定论，只南阳宗资墓以一角为天禄、双角为辟邪，名字刻于翼上以示分别。

　　南朝的雕刻匠人利用了弧线与S线的视觉心理特性，将具体的形体特征予以概括、夸张，并通过S线和弧线将其贯穿起来，强化了动势这一造型主旨，使石兽神秘灵异的气质在运动中得以升华。它们雄浑遒丽、流畅生动、蓄势待发，兽身花纹绚烂，傲然于世，形神一体，华美非常，终其中国古代陵墓艺术史，亦为翘楚之作。在整个中国石雕艺术史中，南朝陵墓石刻的地位举足轻重，熠熠生辉。它上承秦汉，下启隋唐，与同时代的北朝石窟艺术遥相媲美，光垂后世。

神道石柱 齐明帝萧鸾兴安陵石刻　　　　　　　　　　辟邪 齐明帝萧鸾兴安陵石刻　　　71

辟邪 齐明帝萧鸾兴安陵石刻

辟邪 齐武帝萧赜景安陵石刻 "江雨霏霏江草齐，穴朝如梦鸟空啼。"此情此景，使人怅然无限……

唐

公元 618—907 年

唐朝皇帝的陵墓大都位于国都长安（今陕西西安）附近。在陕西关中盆地北部的乾县、礼泉、泾阳、三原、富平和蒲城六县境内，东西绵延 100 多公里，共有帝陵 18 座，通常称为"唐十八陵"。

它们大多依山为陵，构筑有宏大的陵园，安置有成组的石刻。石刻主要布置在神道两旁和陵园四门外。其中排列在神道两侧的石刻，数量众多，题材多样，为陵区营造着庄严、威猛的氛围，堪称唐代石雕艺术的瑰宝。

在唐初创阶段，唐陵石刻表现出了一往无前的雄浑气势，其代表"昭陵六骏"是六幅大型石刻浮雕作品，六匹战马形貌写实，或行走，或奔驰，马的装饰和马具也刻画得细致准确，其中一匹马的前面还雕有一员战将，正在为马拔箭疗伤。中国古代陵墓雕塑大多为圆雕，鲜见如此大型高浮雕。

唐贞观年间，太宗下诏："朕所乘戎马，济朕于难者，刊名镌为真形，置之左右。"刻成后，太宗将六匹石骏放置于昭陵北麓北司马门。"昭陵六骏"是为大唐皇帝李世民歌功颂德而作，无疑是李世民南征北战，参与创立大唐基业的纪念碑，每一匹神骏都积淀着他人生某一阶段征战厮杀、艰苦卓绝的记忆片断。昭陵六骏为初唐著名画家阎立本绘制，阎立德主持依形复刻于石上，太宗自撰赞语，书法家欧阳询书丹，殷仲容刻石，堪称五绝，代表了唐代陵墓石刻的最高水平。

唐高宗李治（650~683 年在位）和女皇武则天（684~704 年在位）合葬的乾陵前的石刻群，标志着唐陵石刻步入成熟阶段。乾陵的石刻从规模上超出了以往的陵园石刻，乾陵陵园的四门各有一对石狮，其中北门还安放有 6 匹石马，其余的石刻分布在南面的神道两侧，由南向北排列着华表、翼马和鸵鸟各 1 对，仗马和控马者 5 对，石人 10 对，石碑 2 通。除此以外，还安置有域外各国使臣石像 61 尊。

乾陵石刻超大的体量表现出了大唐盛世的宏大雄壮之势，此雄浑气势不仅表现为外在形式的高大宏伟，更在于内在精神的深邃与大气。而这种精神气度在乾陵石刻作品中自然而然地流淌着，一种深邃而强大的精神力量与简洁朴实的雕刻风格相辅相成。无论是雍容华丽的人物还是张扬霸气的动物，人们都能从它们宏大的身体内感受到一股涌动的力量，而那些流动的线条又有着音乐般的节奏与韵律。可以说，乾陵石刻艺术就是大唐盛世社会风貌的实物佐证。

乾陵石刻在形式上已经进入程式化，技法更加成熟，并加强了细部刻画。像"昭陵六骏"那样既形貌写实，又体态灵动、变化自如的造型手法，已不被采用，而代之以端庄严肃的形态。仍以马的造型为例，在端然肃立的控马官身边，鞍辔齐备的仗马四肢端直地俯首伫立，驯顺安详。五对同样姿态的控马官和仗马排列在一起，更显得分外规整严肃。

说起唐代的陵墓石雕，就不能不说说顺陵的走狮。顺陵是唐代女皇武则天的母亲杨氏杨牡丹的墓，杨氏死后按王妃礼葬，称墓不称陵。武则天称帝后，先后三次对其父母追尊增封，杨氏墓也进行了大规模的改扩建，先改墓为明义陵，后改为顺陵。现在，顺陵当年的建筑已荡然无存，遗存下来的只有盛唐时期的石刻珍品，在这些艺术珍品中，以一对走狮为代表，堪称我国石刻艺术的瑰宝，被誉为东方第一狮。

　　顺陵走狮一雌一雄，作行走状，好像行走中忽然听到动静而停住脚步，挺胸昂首，极目远望，动中有静，静中有动，在雕刻技巧和艺术造型上为其他唐陵石刻所不及，给人以精巧玲珑、生动活泼之感。两狮相距约20米，一东一西，东边的雄狮高3.15米，长3.2米，宽1.45米，重40余吨，体态高大，造型雄伟，头披卷毛，凸目隆鼻，丰唇利齿，半开巨口，仿佛能听到它震撼山林、慑服百兽的吼声。

　　随着唐代政治、经济的兴衰变化，形成了唐代陵墓石雕不同时期的不同特点，从初唐的朴素醇厚到盛唐的雄浑大气，从中唐时期的雍容华贵到晚唐时期的清秀俊美，也反映了唐代审美理想从壮美到优美的变化过程。在两汉和南北朝陵墓石刻的基础上，经过唐代两百多年石刻艺术逐步的发展演变，陵墓雕刻从多样、无序、自由的表现逐渐确定为一种规范化、程式化的造型模式，对以后五代、宋、元、明、清各代都产生了深远的影响。

　　"海纳百川，有容乃大。"大唐帝国正是敞开了如海的胸襟，将雕塑风格的民族化、世俗化，以巨大的包容性，对外来文化兼收并蓄，将它们融入自己民族的特色，最后变成自己的艺术风格，最终形成了光耀千古的大唐文化。

唐 狮 河北省博物馆

唐 碑头 西安碑林博物馆 如此雕工，怎不令人惊叹！鬼斧神工，不过如此。

唐 翁仲 西安碑林博物馆

唐 翁仲 乾陵

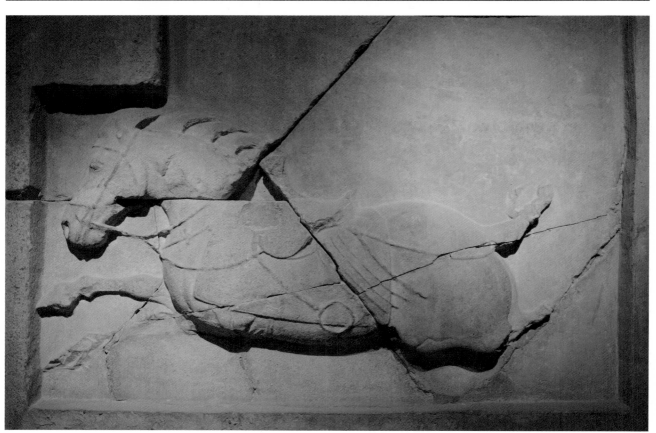

唐 昭陵六骏之四骏 西安碑林博物馆

在国内我们只能看到"白蹄乌"、"特勒骠"、"青骓"与"什伐赤"这四骏，还有"拳毛騧"、"飒露紫"在美国的宾夕法尼亚大学考古与人类学博物馆，我想当年梁思成应该是先在美国游历时看到那两骏而被震撼的吧。

唐 狮 乾陵 狮高3.02米，身躯饱满，昂首挺胸，有如钢铁铸成，毛发卷旋，似层层鳞披，
前踞后蹲，稳如泰山，爪尖锋利，双目凸起，怒视前方，张开大口，露出利齿，似欲发出震撼山谷的巨吼！

唐 翼马 乾陵 高3.17米，身长2.8米，昂首挺胸，浑圆雄壮，就像远古的神兽降临凡间，两侧之翼似层层云朵，仿佛随时会驾云奔腾。

唐 翼兽 顺陵
唐贞观九年 石犀 献陵唐高祖李渊墓、陕西碑林博物馆

83

唐 走狮 顺陵

唐 李勣墓石人 昭陵 李勣，即隋唐演义里的徐茂公，三朝元老，被封为英国公，死后陪葬昭陵。此石人脚踩莲花座，十分罕见。

唐 狮 西安碑林博物馆

之 后

唐朝以后，历朝历代在陵墓石雕上基本延续了唐代的规范模式。

北宋皇陵位于河南省巩义市西南部，北宋九帝，除徽、钦二帝被金人掳去，囚死在漠北外，其余七帝均埋葬在巩县，加上赵匡胤的父亲赵弘殷的陵墓，统称"七帝八陵"。

宋陵有庞大的石刻群，虽经破坏、散失，至今尚有 941 件。每个帝陵石刻的内容都有望柱、象及象奴、瑞禽、角端、马及牵马官、羊、虎、文武臣、狮子、武士等，各有象征，预示皇帝死后还要驾驭万物，主宰世界。

宋陵神道上的石像生保存较完整，从中可以看出宋代石刻风格前后期的变化。早期造型质朴，雕凿技巧较为粗犷，气魄不大，不如唐陵的神态生动；中期转向写实，刻画真实，文臣刻画静雅，武臣也有儒将风度；晚期朝着生动活泼的方向迈进，技巧较前娴熟，刻画人物、动物均更为细腻，且着意渲染其神秘色彩。

偏安江南的南宋六帝，梦想身后能安息到河南巩县的宋皇陵，因此皇室棺椁均草草暂厝，但东钱湖宰相墓道石刻蔚为壮观，素有"北有秦陵兵马俑，南有钱湖石刻群"之称。 东钱湖南宋石刻以造型准确、形体多样、表情生动而著称，其规模之大、数量之多、雕刻之精、分布之集中、保存之完美，国内罕见。园中的文臣、武将、蹲虎、立马、跪羊分别代表了"忠、勇、节、义、孝"，鲜明再现了当时的人文景观。

辽、金陵墓残毁不堪，但偶有所见，亦是十分震撼。辽代石刻极具晚唐特点，大气粗犷。金代石雕具有宋代石雕之细腻风格而又灵活多变，充满情趣，精美异常。元帝俗尚潜葬，故无石像生存世，现在见到的应是当朝大夫陵墓石像，元人豪放勇猛，在石雕表现上亦是如此，浑厚圆润，气势如虹。

及至大明肇立，明太祖建明孝陵，后朱棣迁都北京，自永乐七年始建十三陵。明十三陵地处东、西、北三面环山的小盆地之中，陵区周围群山环抱，中部为平原，陵前有小河曲折蜿蜒，山明水秀，景色宜人。十三座皇陵均依山而筑，分别建在东、西、北三面的山麓上，形成了体系完整、规模宏大、气势磅礴的陵寝建筑群。明代术士认为，这里是风水胜境，绝佳吉壤。明末清初著名学者顾炎武曾写诗描述这里的优胜形势："*群山自南来，势若蛟龙翔；东趾踞卢龙，西脊驰太行；后尻坐黄花，前面临神京；中有万年宅，名曰康家庄；可容百万人，豁然开明堂。*"

明十三陵内以成祖长陵为中轴线的石雕群，其种类和数量以及列置的先后顺序，都是与明孝陵一致的，即由外陵门起，首先是建在陵道中心的碑亭，其次是华表一对分立于左右石雕行列之前，以下的顺序即是立狮、跪狮、立豸、跪豸，再下就是驼、象、麟、马，接着是武臣、文臣。这些石雕圆滑温顺、全无凶相，充分体现了当时统治者刀枪入库，马放南山，一切平和的休养生息政策，也是明代皇家"*马上得天下，厌恶马上治天下*"思想的一种体现。

明代陵墓石雕细腻而不失庄重，威严中透出秀美，与山岳、河流，金碧辉煌的殿堂浑然一体，立于天地之间，尽显大明之王者风范。

　　清代陵墓从规划建制到建筑造型均仿照明朝，采用集中陵区的手法而建。清入关以后，十个皇帝，除末帝溥仪没有设陵外，其他九个皇帝分别在河北遵化市和易县修建了规模宏大的陵园。由于两个陵园各距北京市区东、西一百里，故称清东陵和清西陵，是中国现存规模最大、保存最完整的帝王陵墓群。

　　清代石雕艺术基本传承明代形制，只是雕刻更加细致，规制严谨，温柔恭顺，追求华贵，极具装饰效果。

　　中国历史悠久，沧海桑田，陵墓石雕一直贯穿始终，在不同的历史时期有不同的特点，仿佛给我们展示了各个时代的不同风范。在这两千多年的历史长河中，无论是哪个朝代，皆有石刻精品，这需要我们因时而异地调整视角，从不同的角度去发现美，而不是纵向或横向对比后去狭隘地评判。

　　纵观中国陵墓石雕的发展，就其精神性，受政治、宗教、哲学影响，就其造型，受绘画的影响，并在意象、抽象、写意、写实诸方面显示出其道、其智、其美，有着迥异于西方传统的独立体系，代表着东方人独特的审美与思想。

清 石牌坊 清东陵之孝陵

北宋 狮 巩义宋陵 谁说宋人儒弱？看此三只雄狮，巍峨伫立，顾盼神飞，抬颚回首间，充满力量。

北宋 翁仲 巩义宋陵

北宋 石虎 巩义宋陵

北宋 马 巩义宋陵

明　武将　十三陵

明　兽　潞王陵

明 羊 潞王陵
明 獬豸 十三陵
明 象 十三陵

明 石翁仲 洛阳博物馆

明 骆驼 十三陵 虽刀枪入库，马放南山，但站在这明代的雕塑前，绝对可以感受到力量与自信！

清 卧马 清东陵之孝陵
清 立狮 清东陵之孝陵

清 文臣 清东陵之孝陵
1918年 狮 袁林

万仞峰前一水傍，晨光翠色助清凉。
谁知片石多情甚，曾送渊明入醉乡。

園林石器

世外

　　中国，这个历史悠久的文明古国，延续着五千多年间创造的辉煌灿烂的古典文化。其中，中国古典园林一项更是源远流长，博大精深，自有文献记载的殷周开始，跨秦汉魏晋南北朝，越隋唐五代宋元明清，直至民国时期，历代名园迭出，灿若繁星。园中叠置峰峦岭谷，开凿湖池溪涧，构筑堂轩亭榭，培植花草竹木，形成了以"虽由人作，宛自天开"为宗旨的独特的中国园林体系，在世界园林史上占有重要的地位，其造园思想不但流布日本、朝鲜半岛，还曾在18世纪时对欧洲产生过较大的影响，堪称人类最宝贵的文化遗产之一。

　　中国园林可分成皇家园林、私家园林、寺观祠庙园林等类型，其中以皇家园林和私家园林建设最为鼎盛，体系也最为完整。在中国造园史上，一方面以长安、洛阳、建康、开封、杭州、北京等不同朝代首都为中心的皇家御苑恢弘壮丽，独领风骚，另一方面以江南、华北、中原、巴蜀、岭南等地区为代表的不同地方风格的私家园林也各擅胜场，共同构筑起丰富的中国古典园林系统，蔚为大观。

　　《诗经》中记载了周文王修建灵台的情景："经始灵台，经之营之。庶民攻之，不日成之。经始勿亟，庶民子来。王在灵囿，麀鹿攸伏。麀鹿濯濯，白鸟翯翯。王在灵沼，于牣鱼跃。虡业维枞，贲鼓维镛。于论鼓钟，于乐辟雍。于论鼓钟，于乐辟雍。鼍鼓逢逢，蒙瞍奏公。"灵台、灵囿、灵沼等就是皇家园林的起源。

　　皇帝能够利用其政治上的特权与经济上的雄厚财力，占据大片土地营造园林而供自己享用，故其规模之大，远非私家园林可比拟。自秦始皇所建阿房宫"五步一楼，十步一阁"，汉代未央宫"宫馆复道，兴作日繁"，到清代更增加了园内建筑的数量和类型，凭借皇家手中所掌握的雄厚财力，加重园内的建筑分量，突出建筑的形式美，作为体现皇家气派的一个最主要的手段，从而将园林建筑的审美价值推到了无与伦比的高度，论其体态，雍容华贵，论其色彩，金碧辉煌，充分体现了浓郁的华丽高贵的宫廷色彩。

　　私家园林相对要晚得多，魏晋南北朝时期，战事纷争不断，皇权更替频繁，在社会中占有重要地位的士大夫阶层为了避祸全身，雅好自然，归隐山林，寄情于山水之中，"竹林七贤"之风范引得文人世族争相效仿，追求自然山水之美成为时尚。游山玩水不如圈地为园，于是，聚石引水，植林开涧，私家园林便应运而生。

　　私家园林的初始与发展是与中国古代的文化思想密不可分的，中国文化中的艺术精神基本是儒家、道家和佛家思想，儒家讲究"智者乐水，仁者乐山"，道家推崇"道法自然"、"天人合一"，这些思想早已融入文人士大夫的骨髓之中，使得之后历朝历代文人官宦竞相参与造园，以期追寻人性的回归和精神上的绝对自由。

《山水训》中有言："君子之所以爱夫山水者，其旨安在？丘园，养素所常处也；泉石，傲啸所常乐也；渔樵，隐逸所常适也；猿鹤，飞鸣所常亲也。尘嚣缰锁，此人情所常厌也。烟霞仙圣，此人情所常愿而不得见也。"追寻遁世而居以求达到"天人合一"之境界，此乃古人终极之精神追求！

寺观祠庙园林即各种宗教附属园林，也包括宗教建筑内外的园林环境。东晋太元年间（376～396年），僧人慧远在庐山营造东林寺。据慧皎《高僧传》说："却负香炉之峰，傍带瀑布之壑；仍石垒基，即松栽构，清泉环阶，白云满室。复于寺内别置禅林，森树烟凝，石径苔生。"此为自然景观环境中设置人工禅林比较早的记载。

寺观祠庙园林分为皇家寺院和地方宗族祠堂、庙宇。寺、观亦建置独立的园林或本身即以世外仙苑的形式存在，正如宋代赵抃诗道："可惜湖山天下好，十分风景属僧家"，也如俗谚所说："天下名胜寺占多"。它突破了皇家园林和私家园林在分布上的局限，可以广布在自然环境优越的名山胜地。其自然景色的优美，环境景观的独特，天然景观与人工景观的高度融合，内部园林气氛与外部园林环境的有机结合，都是皇家园林和私家园林所望尘莫及的。

道教的玄学观和佛教的玄学化，导致道士、僧人都崇尚自然。寺庙选址名山胜地，悉心营造园林景致，既是宗教生活的需要，也是中国特有的宗教哲学思想的产物。两晋、南北朝的贵族有"舍宅为寺"的风尚，将宅园转化为寺庙，成为早期寺庙的现成的园林。寺庙在古代不仅是宗教活动的场所，也是宗教艺术的观赏对象，形象地描绘了道教的"仙境"和佛教的"极乐世界"。

不论哪类园林，大概都包括建筑、掇山、理水、花木、井、碑、缸、盆、匾，无石不古，石雕石刻在园林里起到了画龙点睛的作用。那些造型各异的石盆与石座，瘦漏透皱的庭园赏石，品类繁多的石制园林家具，姿态万千的门墩、门狮为这门古老的园林艺术添加了璀璨的一笔。

置身园中，远离尘世繁杂，归隐自然，享受自然，物我两忘，仿佛身在世外。

唐 孙位 高逸图

庭园赏石

"坐忘"宇宙人世的一切，而达于"无待"之境。

人，作为自然界的一部分，存在天人感应。悟道，是对存在于天地之间的终极真理的悟觉。"天人合一"乃古人所追求的最高境界，这也是中国古代数千年的主导文化，是中国哲学、美学等思想的基本精神。此思想直接影响了古人对山水自然的态度以及追求自然与人契合无间的精神状态。

石为云根，山是最接近天的地方。三山五岳，世外仙山，神仙隐士之所，历来为古人所神往。

海客谈瀛洲，烟涛微茫信难求。

越人语天姥，云霓明灭或可睹。

天姥连天向天横，势拔五岳掩赤城。

天台一万八千丈，对此欲倒东南倾。

我欲因之梦吴越，一夜飞度镜湖月。

湖月照我影，送我至剡溪。

谢公宿处今尚在，渌水荡漾清猿啼。

脚著谢公屐，身登青云梯。

半壁见海日，空中闻天鸡。

千岩万转路不定，迷花倚石忽已暝。

熊咆龙吟殷岩泉，栗深林兮惊层巅。

云青青兮欲雨，水澹澹兮生烟。

列缺霹雳，丘峦崩摧。

洞天石扉，訇然中开。

青冥浩荡不见底，日月照耀金银台。

霓为衣兮风为马，云之君兮纷纷而来下。

虎鼓瑟兮鸾回车，仙之人兮列如麻。

忽魂悸以魄动，恍惊起而长嗟。

惟觉时之枕席，失向来之烟霞。

世间行乐亦如此，古来万事东流水。

别君去兮何时还？

且放白鹿青崖间，须行即骑访名山。

安能摧眉折腰事权贵，使我不得开心颜！

李白此首《梦游天姥吟留别》充分诠释了古人对山水自然之爱以及君子独善其身之风骨。

右页 明 锁云 瞻源藏石 石高1.7米，石质为鱼籽石，人工雕凿而成。山是最接近天的地方，石为云根，锁云，使之留在凡间。

不居深山又不能忘情山水，这种对天人关系的强烈追求使得古人无不在园林中掇石立峰。自周公植壁于座，隋炀帝叠石雄山辟西苑，唐宰相李德裕藏石于平泉山庄，宋徽宗以石为伴，米芾拜石为兄，赏石至北宋达到极盛。《宋史》记载，花石纲即发生在宋徽宗年间，当时指挥花石纲的有杭州造作局、苏州应奉局等，奉皇上之命在东南地区遍搜奇花异石，运往东京开封。这些运送花石的船只，每十船编为一纲，从江南到开封，沿淮、汴而上，舳舻相接，络绎不绝。后历金元，直到明、清，赏石一直为世人所推崇，上至天子大夫，下至文人雅士，平民百姓无不争相搜寻栽植。

庭园赏石种类繁多，主要包括太湖石、英石，灵璧石、钟乳石、笋石、珊瑚以及其他地方就近采集的地方石种，还包括人工雕凿的大理石、鱼籽石等地方石料。宋代杜绾所撰《云林石谱》按产地记述了包括文房赏石在内的赏石达百余种。

"石有族聚，太湖为甲。"那便以太湖石举例，早期的太湖石多产于江苏太湖之湖底，因水的侵蚀作用和风浪冲击而坳坎遍布，石穿空洞，怪异奇绝，采石者携锤斧潜入水中，开凿独立后缚以巨索，浮大舟，设木架，绞而出之。明代画家文震亨在《长物志·水石》中说："太湖石在水中者为贵，岁久被波浪冲击，皆成空石，面面玲珑。"至宋代，资源枯竭，便开采湖岸中沉积的太湖石，因旱石不甚玲珑，故先人工雕凿出其形，后置于湖水中，利用湖浪之力使其润滑自然，南宋赵希鹄《洞天清禄集》载："土人取大材或高一二丈者，先雕刻，置急水中舂撞之，久久如天成。"由此可见古人寻石之艰辛与执着，才会出现米芾得遇一石而欣喜若狂之情境。

"室无石不雅，园无石不秀"，美乃天成，自然造化。自宋代米芾提出"瘦"、"透"、"漏"、"皱"的审美情趣，到明代林有麟的《素园石谱》，赏石之审美情趣逐渐被剖析、延变。石之审美，人人竟皆不同，但无不追求"天人合一"之思想，无论何种石种，万千造型，抑或人工雕凿成石皆为古人精神之寄托所在。皇亲贵族、文人雅士均喜与之命名并赋诗词题跋于上，千古留存。

天下名石如苏州留园之"冠云峰"，相传为宋代花石纲遗物，高6.5米，为现存江南园林中最大一块太湖石，清秀挺拔，冠绝天下。中心水池名浣云沼，周围建有冠云楼、冠云亭、冠云台、仁云庵等，均为赏石之所。

玉玲珑置于上海豫园玉华堂前，高约4米，玲珑剔透，极具太湖石皱、漏、瘦、透之美，此石是宋徽宗当年为在都城汴京建造花园艮岳，从全国各地收"花石纲"时因故未被运走的"艮岳遗石"，据说如以一炉香置石底，孔孔烟出，以一盂水灌石顶，孔孔泉流。千百年来，玉玲珑几易其主，历尽风雨沧桑，清末文士秦荣光曾在《上海县竹枝词》中这样赞美道："玉玲珑石最玲珑，品冠江南窍内通。花石纲中曾采入，幸逃艮岳劫灰红。"

北京颐和园乐寿堂院内，有一块卧在汉白玉石座上的北太湖石，名叫"青芝岫"，长8米，宽2米，高4米，重约二十几吨。乾隆十六年（1751年），弘历皇帝去西陵祭祖，遇见此石，感叹大石的雄伟和其不凡的经历，于是命人将石运到正在修建的万寿山清漪园（颐和园前身）乐寿堂前，取名为"青芝岫"，并作青芝岫诗及序："米万锺《大石记》云：房山有石，长三丈，广七尺，色青而润，欲致之勺园，仅达良乡，工力竭而止。今其石仍在，命移置万寿山之乐寿堂，名之曰青芝岫，而系以诗。"由于多年风化，现在"青"字已脱落，"芝岫"二字还清晰可辨。乾隆的《青芝岫诗》也还残留于石上，东侧的"莲秀"，西侧的"玉英"以及汪由敦、蒋溥、钱陈群等朝廷重臣的题字均清楚可见。

冠云峰 留园

玉玲珑 豫园

明 赏石 孔庙

青芝岫 颐和园

每一块赏石都有自己的一个故事，爱石之人与石结缘，千百年相知相识，以情相寄。

"片山有致，寸石生情"，恰似白居易的一首《太湖石》，通过对太湖石的外貌特点的描述，咏唱出此石的不凡气势，在感悟中借此抒发了诗人自己的知遇情怀与理想抱负！

远望老嵯峨，近观怪嵌䃥。

才高八九尺，势若千万寻。

嵌空华阳洞，重叠匡山岑。

邈矣仙掌迥，呀然剑门深。

形质冠今古，气色通晴阴。

未秋已瑟瑟，欲雨先沉沉。

天姿信为异，时用非所任。

磨刀不如砺，捣帛不如砧。

何乃主人意，重之如万金。

岂伊造物者，独能知我心。

明 大山 瞻源藏石

石为火山岩，人工雕凿而成，刻"大山"两字，雕凿看似随意，
却恰应了那句话："无声胜似有声，无形胜似有形。"

清 朝夕 张克藏石

石为北太湖石，上有二洞，下洞天然而成，上洞有人工雕凿痕迹，一圆一长，有如日月，
寄托了古人对生活的美好祝愿："日月同辉，朝夕相伴。"

明　云深　瞻源藏石　取自"只在此山中，云深不知处。"石为栖霞石，石质苍古，沟壑遍布，以小见大，隐隐有范宽《溪山行旅图》之风貌。

元 苍石 瞻源藏石 石为太湖石，质地坚硬、圆润，整体浑厚、饱满，与《碧梧苍石图》中那块造型独特的赏石如出一辙，故以"苍石"名之。

元 陆行直 碧梧苍石图 故宫博物院

清 立峰 白云藏石 石为北太湖石，上有文人题跋。

石制家具

　　古树遒劲而生，树下叠石成桌，异形苍古，四面散落石墩，上座文人高士，对弈或吟诗品茗；旁置石几，插花其上，亭榭幽静，曲水流觞。

　　古人追逐园林而求隐世，居园林中以求自然，在朴素自然的园林石制家具中陶醉赋闲，达到"天人合一"之境！

> 苍然两片石，厥状怪且丑。
>
> 俗用无所堪，时人嫌不取。
>
> 结从胚浑始，得自洞庭口。
>
> 万古遗水滨，一朝入我手。
>
> 担舁来郡内，洗刷去泥垢。
>
> 孔黑烟痕深，罅青苔色厚。
>
> 老蛟蟠作足，古剑插为首。
>
> 忽疑天上落，不似人间有。
>
> 一可支吾琴，一可贮吾酒。
>
> 峭绝高数尺，坳泓容一斗。
>
> 五弦倚其左，一杯置其右。
>
> 洼樽酌未空，玉山颓已久。
>
> 人皆有所好，物各求其偶。
>
> 渐恐少年场，不容垂白叟。
>
> 回头问双石，能伴老夫否。
>
> 石虽不能言，许我为三友。

　　白居易这首咏石诗《双石》形象地描述了石头的外观特点和神韵，并赋予石头以生命，与石交友，达到物我两忘之境。

　　"调素琴，阅金经，无丝竹之乱耳，无案牍之劳形"的淡泊与清净着实沁润心脾，引人入境。清代李斗在《扬州画舫录》中写道："汲水护苔，选树编篱，自成园落，如隔人境。"他将庭园的幽静僻野渲染得静中生香，又将它置于隔离人间的情境中。坐石听泉，凭栏赏花，或信步曲廊，或伴清茗一盏，月下抚琴一首，实在是令人息躁汰浊，尘襟顿涤，并且孕育出了探幽山林的审美心理，引人心灵归于淡泊宁静。

　　白居易在《玩新庭树，因咏所怀》中有云："动摇风景丽，盖覆庭院深。下有无事人，竟日此幽寻。岂惟玩时物，亦可开烦襟。时与道人语，或听诗客吟。度春足芳色，入夜多鸣禽。偶得幽闲境，遂忘尘俗心。始知真隐者，不必在山林。"他将这份归隐的幽思寄于庭园，得到慰藉。居于如此恬淡宁静之境，以松石为友，与琴书为伴，远胜于富贵朱门和喧嚣市井。

元 石几 可园藏石

明 自然型菊花石桌、凳 瞻源藏石

随着宋代园林的兴盛，直到明清园林的发展，石制园林家具在制式上也已经逐渐成熟。石桌、石案、石墩、石几、花台、石凳等已经有了特定的形制，虽不同地方、南北差异存在，但大体构造已经相对统一了。

在庭园中，石制家具在不同的造型和布局下，将自己独有的气质融于庭园和自然，与其他景物相映成趣，以简约之意象，造意境之深远，以景赋情，感物明志。石制家具作为庭园艺术中的重要组成，让文人雅士的心境和精神追求在此得到了充分的共鸣，中国传统哲学与古典美学所追求的形而上与意象说，在此也得到了更好的呈现。

石制家具集石材与雕刻技艺为一体，处处流露出艺术气息与意境诗情，展示出生生不息的传统美学之精髓。古曰："意生于象外"，在庭园艺术中，在这石制家具里，让我们去体会古人的气息与情怀，去感受中国传统的美学精神，去找寻逝去的点点遗迹，去探寻文化的风骨与神韵。

　　　　　明 石几 通古堂藏石　　　　　　　　　　　　元 花台 福海藏石

清 石条案 私人藏石
明 石桌 留余斋藏石
明 鼓磴 九松藏石

石盆石座

古人云："盆玩者，需古雅之盆，方惬心赏，然盆古为难。"

石盆作为园林艺术最直接的体现，无疑具有极重的分量。石盆有置于石座之上的，或是与座一体，或是独立成器，置于园中、案上，种石养木，植荷赏鱼，用途极广，不可或缺。

园林盆景，在我国渊源久矣，自唐、宋园林发展而愈加丰富，至元、明、清达到极致，今天留存下来的也多以此时期为主。石盆作为一种观赏艺术存在，造型多样，形态各异。北方种石为多，故盆之四壁宽厚，造型饱满；南方气候温暖，适合养花植草，石盆一般追求秀美，壁薄轻盈。无论皇家、私家还是寺观园林石盆均为浮雕和素雅两种。素雅之盆，文人雅士往往喜撰文于上，而纯素之盆又以多边形、葵口形、瓜棱形等特殊造型取胜。石盆万种，各不相同，或繁华瑰丽、或气势逼人、或素装淡雅、或异形张扬、或朴拙豪迈、或秀美绝伦，石盆艺术深深体现了古人的一种心灵上的追求和精神上的享受，是中国传统文化和艺术魅力最直接的体现。

除了盆座外，园林里还有须弥座、缸座、盆景座、炉座、碑座等各种各样的器物座，与石盆类似，分浮雕和素雅两类，造型各异。除了承载以外，它们本身就是一件件独立的艺术品，它们在衬托其他物体的同时焕发着自身特有的魅力。

"石令人古。"园林艺术中，不可或缺的"石"作为重要载体，将自然之物与人的审美情感直接联系起来，将"苍古"之美演绎得淋漓尽致。石，追求表现形外之意，象外之象，物象简约，意境深远，也同样承载着文人高士的精神追求，体现着一个时代的审美情趣、一种生活情调和文化内涵。

"片山多致，寸石生情。"在园林这个特定环境内，一个简约清雅的石盆，一个随意摆放的石座，都寄托着古人悠远脱俗的情怀。

明 异形赏石盆 私人藏石　　　　　　　　元 莲花盆 私人藏石

元 赏石盆 私人藏石

明 浮雕花卉赏石盆 私人藏石
清 高浮雕人物荷花盆 圆明园

　　清 诗文赏石盆 留馀草堂藏石 铭文：斯坚润之，奇姿亦美，名人所誌。　　　　　明 赏石盆 瞻源藏石

明 浮雕骐驎碑座 大付藏石

明 雕龙碑座 尚古藏石

明 炉座 瞻源藏石   明 石台 孔庙

明 高束腰葵口型案上賞石盆 瞻源藏石

明 賞石盆座 松居藏石 石为汉白玉，盆座一体，上繁下简，比例有致，纯粹皇家园林器物。

明 赏石盆 瞻源藏石 石盆为房山青白石，体型硕大，造型工整，盆与底座一石琢成，十分罕见。

明 兽座 云居寺

清 赏石盆 九松藏石
石为汉白玉，造型简洁，盆刻篆字"玉璧清风"，尽显文人器物之雅。

明 盆景盆 私人藏石

门前石雕

　　园林和宅门等古代建筑门前自古为建筑装饰之重地，盖因其为整个建筑之脸面，社会地位、财富和品位主要由此处对外彰显。

　　政府衙门、园林、大宅门前会有门狮、上马石、抱鼓石等石雕，普通百姓门前亦有门墩、拴马石等基本实用的装饰石雕。这是传统建筑的主要组成部分和建筑工艺的精华所在，也是古代标志主人等级和身份地位的门庭装饰艺术，故不论王公贵族还是黎民百姓，皆选择寓意深刻之造型图案并精工细琢，以突显主人之追求与审美品位。

　　宅门是中国墙文化的产物。一个宅门符号能够表述出用文字无法企及的文化内涵，它不仅是礼制文化的集中体现，还是切实存在的封建等级制度的外在标志。中国人所谓的"门第"、"门户"、"门派"的概念也是由此演绎而出的，而宅门之中最能彰显屋主等级差别和身份地位的装饰就是这些石雕石刻了。

　　门狮是指传统建筑中大门两旁设置的石狮，通常被当作守门瑞兽放置在大门两旁，雄狮居左，雌狮居右。雄狮的右爪下踩着绣球，雌狮的左爪下雕有幼狮，寓意太师少保、子嗣昌盛、世代高官。由于受封建等级规制的约束，民宅门前不设门狮。民间建筑中，门狮多置于村镇、祠堂、会馆、王府宅院、园林等场所出入口两旁，有趋吉避凶、镇宅守护的功用。门狮造型承袭唐宋蹲狮形制，侧面呈三角形，上为圆雕蹲狮，下为须弥座，须弥座四周装饰各种吉祥花草纹样。其高度随建筑的等级而定，不可擅自逾越。

　　古代的大户人家，在宅门前常设置两块巨石，一块为上马石，一块为下马石，下马石因语言禁忌，故同称上马石，所以习惯上就称为上马石，是为骑马人准备的有两步台阶的石头。上马石除了确实供上马之用外，主要还是用于显示主人的身份等级，官员府第、深宅大院和大会馆都在门前左右设有上、下马石。同时，住宅门前有没有上、下马石以及尺寸的大小都是宅第等级的一个划分标准。与此同时，还有下马碑的设置，下马碑是昔日皇家设立的谕令碑，是一种显示封建等级礼仪的标志，上书"官员人家，至此下马"字样，以示对皇帝、圣贤、先王的恭敬。

清　门鼓　西安小雁塔

明　上马石　孔府
明　门礅　瞻源藏石

门墩与门枕石是一块石头，一外一里，起固定大门的作用。门墩的正名叫门枕，又称抱鼓石，抱鼓石是中国宅门非贵即富的门第符号，是最能标志屋主等级差别和身份地位的装饰品。无功名者门前是不可立鼓的，在等级制度森严的封建年代，门前一对抱鼓石，文官用书箱形，武官用圆鼓形，都是功名权利的标志。明清时代，对门鼓石有着严格规定和等级区分：

武官

皇族或官府的门前用狮子形的门鼓石。

高级武官的门前用抱鼓形狮子门鼓石。

低级武官的门前用抱鼓形有兽头的门鼓石。

文官

高级文官的门前用箱形有狮子的门鼓石。

低级文官用箱形有雕饰的门鼓石。

在官家形制之外，民间的门墩占大多数，依据门第之别也有着相应的规范与形制尺寸的规定。古人婚嫁要门当户对，从这一点便能反映出门墩与宅邸所代表的社会阶级之分了。石墩在民间有着种类繁多的造型，且不受具体图案的约束，在这些门墩的表面刻有很多精美的图案，人们把吉祥长寿、荣华富贵、幸福安康等象征图案刻在门墩上，如五福捧寿、福寿双全、福禄寿、事事如意、岁岁平安、九世同居、年年有余、岁寒三友、鹤鹿同春、三阳开泰等。这些门墩借助人物、草木、动物、工具、寓言、几何图案，表达了四合院的建筑者们希望长寿、富贵、驱魔、夫妻美满、家族兴旺的美好心愿。

明 门前狮 南京博物院

与门墩类似，拴马石更是我国北方独有的民间石刻艺术品，石柱上常雕琢各种形状的动物和人物等，镂空处用于栓系骡马。王府官邸之拴马石雕刻精美，但数量有限。以坚固耐磨的整块青石雕凿而成，一般通高 2~3 米，宽厚相当，约 22~30 厘米不等，常栽立在农家民居建筑大门的两侧，不仅是居民宅院建筑的有机构成，而且和门前的石狮一样，既有装点建筑、炫耀富有的作用，同时还被赋予了辟邪镇宅的意义，人们称它为"庄户人家的华表"。

民间艺人用他们自由和随意的创作心性，不拘一格，使石雕呈现出不同的风格、不同的地域特色，具有丰富多彩的面貌，会意和传神是他们最终的追求。

门前石雕，无论官家还是民间，都是社会历史的见证，也是当时社会礼教的投影。正如吴良镛所言："它已经不仅是一种样式，而是植根于生活的深层结构，是一种居住文化的体现。"门前石雕是物化的礼制文化符号，它是一种内在世界通过装饰符号语言展示于外在世界的典型事例。

明 门前狮 晋祠　　　　　　　　　　　　　清 拴马桩 陕西华厦石刻博物馆　　　123

其
他

　　园林石器将自己独有的气质融于园林之中，与其他景物相映成趣，互为依托，传承演变出了丰富多彩的世界。除了前面所述，还有日晷、承露、石亭、石桥、石画、文字石刻、石门旋、石塔、石井、石灯座等种类繁多的园林石器，这体现了中国园林发展的成熟。

　　在当代收藏门类里，石雕的收藏历史不过百余年，还是以高古石雕为主，且国内藏家甚少。唐以后的石雕石刻收藏历史不过几十年而已，专家、书籍严重匮乏，更因其种类繁多而难以归纳，在学习理解上有很大的难度。但收藏一科，在门类上反而应该避热就冷，知难而上，这样才更有挑战性和趣味性。

　　园林，是中国古人理想中的居舍，着意追求风雅意趣的古人们创造了幽然恬静的自然之美。恬淡、素朴、远离俗世而与自然共同生息，栖息于此，静己以镇其躁。自古天子贵胄、文人雅士为之投入心血，亲自参与造园，唐代的王维、白居易，北宋的赵佶，南宋的俞征，元代的倪云林，明代的米万钟、文徵明、文震亨，清代的石涛、张涟、张然、李渔等都是造园运动的热衷者，他们的参与也推动着园林文化一步步走向成熟和完美。仅一园林石器，种类便不下几十余种。中国园林独步天下离不开这里面的一花一草，一器一物，在这山、水、自然之中，石器起到了画龙点睛的作用。

　　园林石器，它深浸着中国文化的内蕴，是中国千余年园林文化史造就的艺术珍品，是一个民族的精英人士内在精神品格的生动写照，是需要吾辈学习、继承与发展的。

　　　　明　旗杆座　天坛　　　　　　　　　　　　　明　镇石　天坛

清 四世同堂石刻 南京博物院
清 驻春 石区 九松藏石
明 桥栏 孔庙

125

清 竹石图 园林构件 大付藏石

明 旗座 私人藏石
明 屏风底座 瞻源藏石

清 谐奇趣北喷水池 圆明园

明 石台 瞻源藏石

明 灯座 通古堂藏石

明 井口 祇园古美术藏石

声不能传于异地，留于异时，於是乎文字生。
文字者，所以为意与声之迹。

文字石刻

卷四

先从书法谈起吧

书法是一门古老的艺术。

自书契始，从甲骨文、金文、石鼓文演变而为小篆、隶书，至定型于东汉、魏、晋的草书、楷书、行书等，蔚为大观，源远流长，贯穿华夏五千余年，形成了举世无双的书法艺术。

宗白华有云："中国人的一支毛笔，开始于一画，界破了虚空，留下了笔迹，既流出人心之美，也流出万象之美。"书法蕴含感情、良知、道德，展现出浑厚肃穆、轻灵飘渺、沉着稳健、闲雅舒展的意境。

中国书法是优秀传统文化的组成部分，是以汉字为形体、以笔墨为创作工具及表现手法的独特的造型艺术。它不是图画，不去再现万物的形状，却能表现万物的气韵、精神，它能融抽象性与哲理性于一体。它能达其性情，形其哀乐，既能通人心灵、发人联想，又能象征自然的意境，是世界上惟一以文字为载体的艺术。

西汉扬雄感悟到："书，心画也。" 这里的"书" 虽非专指书法，但它最早论述了书法同书家思想感情间的关系，书法是人的心迹，也是美的创作。墨气所射，四表无穷，可穿越时空。根植于深厚的民族文化土壤之中的书法，与文学一样言志载道，与绘画同源，与建筑相关，有音乐之旋律，具舞蹈之精神。

欧阳修引用苏子美的话说："窗明几净，笔砚纸墨，皆极精良，亦自是人生一乐。"是的，书法能给我们带来莫大的精神享受，能开启我们的智慧，升华我们的情操，使我们疏沦五脏，澡雪精神。可以说，书法是每一个想了解中国文化、学习中国文化的人必备的一门知识，也是取之不尽、用之不竭的文化艺术宝库。只有懂得中国书法，才能懂得中国的艺术和文化。

"声不能传于异地，留于异时，于是乎文字生。文字者，所以为意与声之迹。"中国在新石器时代就出现了原始汉字，那时的描画、书写就已经有了审美意识的萌芽。书法艺术，追根溯源应至商代，即殷墟甲骨文和商青铜器铭文的时代。

先秦书法经过了长期的演变，在书法的材料载体上使用了龟甲、兽骨、玉石、砖瓦、竹木、青铜器、陶器、丝帛等。先人将文字契之于甲骨，铸之于吉金，刻之于玉石，书之于竹帛，写之于纸素，气魄宏大，堪称开创先河。

东汉始，书法进入繁荣期，出现了专门书法理论著作，如崔瑗的《草书势》。汉书家分为以蔡邕为代表的隶书家和以杜度、崔瑗、张芝为代表的草书家，张芝被称为"草圣"。 东汉碑刻林立，汉隶刻之，字形方正，法度谨严、波磔分明，已登峰造极。

隶书在三国时期开始衍变出楷书，又名正书、真书，相传由钟繇所创。至两晋时，书法大家辈出，妍放疏妙的品位迎合了士大夫们的要求，诞生了最具影响力的书法家王羲之，人称"书圣"，其飘若浮云、矫若惊龙的《兰亭序》，被誉为"天下第一行书"。

经南北朝而至隋唐，唐代文化博大精深、辉煌灿烂，可谓书至初唐而极盛。唐代书法，对前代既有继承又有革新，楷书、行书、草书发展到唐代都跨入了一个新的境地。唐朝以字取士的做法十分普遍，而史部则把字作为选拔官员的一条标准，有《选举志》为证："凡择人之法有四：一曰身，体貌丰伟；二曰言，言辞辩证；三曰书，楷法遒美；四曰判，文理优长。"正因如此，当时读书人竞相练习书法，刻苦钻研成风，于是，大批风格各异的书法家便脱颖而出。从初唐四家：欧阳询、虞世南、褚遂良、薛稷之"清秀瘦劲"为楷体书法的主流，至盛唐，李邕变右军行法，顿挫起伏，既得其妙，独树一帜；张旭、怀素以癫狂醉态将草书表现形式推向极致，孙过庭的草书则以儒雅见长，贺知章、李隆基亦力创真率夷旷、风骨丰丽之新境界，而至颜真卿，"点如坠石，画如夏云，钩如屈金，戈如发弩，纵横有象，低昂有志"。后五代杨凝式上蹑二王，侧锋取态，铺毫著力，遂于离乱之际独饶承平之象。同时，狂禅之风大炽，此亦影响到书坛，狂禅书法虽未在五代一显规模，然对宋代书法影响不小。

宋朝书法尚意，注重意趣，强调主观表现。无论是天资既高的蔡襄和自出新意的苏东坡，还是高视古人的黄庭坚和萧散奇险的米芾，都力图在表现自己的书法风貌的同时，凸显出一种标新立异的姿态，使学问之气郁郁芊芊发于笔墨之间，并给人一种新的审美意境。南宋徽宗赵佶之瘦金体亦是极致。

元代书法尚古尊帖，赵孟頫之书法温润闲雅、秀研飘逸，是为当时一绝。明代更是充分继承了赵孟頫的格调，如祝允明、文徵明、唐寅、王宠四子，上通晋唐，取法弥高，至董其昌，包世臣在《艺舟双楫》中有评："书家神品董华亭，楮墨空元透性灵。除却平原俱避席，同时何必说张邢。"

明末书坛的放浪笔墨，狂放不羁，愤世嫉俗的风气在清初进一步延伸，傅山等人的作品仍表现出自我内在的生命和一种不可遏止的情绪表现。

明代的项穆在他的《书法雅言》中是这样描述书法艺术的，他说："能随形而绰其态，审势而扬其威，每笔皆成其形，每字各异其体。"中国文字的点画、结构和形体变化微妙，形态不一，意趣迥异。通过点划线条的强弱、浓淡、粗细等丰富变化，以书写的内容和思想感情的起伏变化，以字形、字距和行间的分布，构成优美的章法布局，有的似玉龙琢雕，有的似奇峰突起，有的俊秀俏丽，有的气势豪放，具有与生俱来的强烈的艺术色彩。古人的这些风格迥异的书法艺术，使我们陶醉，这里有他们的德行、他们的精神、他们的情感以及他们的信仰，同时也是我们历史文明的体现，是中华血脉的精华所在。

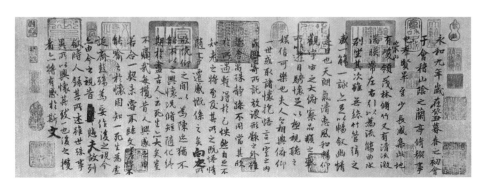

东晋 王羲之 兰亭序

碑

刻

文字石刻种类繁多，如摩崖、碑刻、墓志、石经、法帖、经幢、题名、题记等是石刻的主要部分。

人类早期，文字主要都契刻在甲骨和青铜器上面，用于纪事，意在昭示天下，流传千古，所以先秦青铜器上多刻有"子子孙孙永宝用"之字。而后于摩崖、碣石上都有刻字，至汉，始有碑版形制，包括墓碑、墓志、造像碑、功德碑与文献碑等。

大自然中的石头随处可见，其材体大而质坚，颇有万古不磨之性质。故先人载之以文字，以成刻石之功。

摩崖是指于大自然的山崖上直接凿刻的文字，因山就势，气势宏伟，书法得自然之致，如汉代的《开通褒斜道刻石》、北魏的《郑文公下碑》、南朝的《瘗鹤铭》、唐代的《大唐中兴颂》等。

碣石，《说文解字》中解为"特立之石"。最早的、最有名的碣石当推先秦石鼓。石鼓文，就是刻在石鼓上的文字。这些石鼓于唐朝初年（公元 627 年）发现于陈仓，即今陕西宝鸡，因其形像鼓，所以又名"陈仓石鼓"。此石刻一组共十块，每石均以籀文沿弧形石面环刻四言诗一首，记国君游猎之事，所以石鼓又被称为"猎碣"，是迄今所见最早之刻石。

秦王嬴政统一中国之后五次巡行天下，留下七处刻石，内容主要是号令天下统一，纪颂秦朝功德，现在仅存《泰山刻石》和《琅琊台刻石》，这些都是典型的碣石。秦代刻石篆书最大的特点是"秦碑力劲"，这个劲有刚劲之义，也有质实之义，这是秦文化的特征在书法上的反映。

西汉刻石之风，蔚然与秦相继，现存著名刻石尚有《莱子侯刻石》、《甘泉山刻石》、《鲁孝王刻石》等。刻石之风既盛且久，大约在东汉之初，逐渐出现了"碑"的专用功能，并以一定的形制固定了下来。

东汉盛行立碑之风。自宫廷、庙宇、陵墓，乃至苑囿、名山、乡野，皆可见丰碑纪事。碑之造型已有一定之规：碑首、碑身、碑座（即碑趺）三位一体。碑首有"圭首"（其状如玉圭，呈上尖下阔之三角形）、"圆首"和"平首"（亦称"齐首"、"方首"）之分。以"圭首"碑最为多见，其形同"玉圭"，"玉圭"是上古五瑞之一的通灵礼器，立碑之旨亦有此深意焉。碑首正中为"碑额"，多用古雅文字（多为篆书）题写碑名，称为"篆额"、"额题"。所谓古雅文字，隶书正文用篆书题额，楷书正文用篆或隶题额。碑身四面，正面为"碑阳"，背面为"碑阴"，左右为"碑侧"。汉碑与唐碑常有自"碑阳"向右（顺时针方向）环刻之"四面碑"，如颜真卿《颜家庙碑》即四面碑。

秦 石鼓文

西汉 王陵塞石 曲阜汉碑馆

汉 陶洛残碑 曲阜汉碑馆 字体方正，用笔圆熟，端庄而不失流畅，浑厚而不失隽逸，平正中见奇崛，为汉隶精品。

汉代碑之碑座多为方石为趺，不施雕饰，亦有用碑下部之石榫插入地中埋固者。东汉末年始见"龟趺"之制。"龟趺"原为玄武，是为"龙生九子"之一，好负重，名曰"赑屃"，亦称"霸下"。用赑屃驮石碑，寓负重久远，永立不磨之意。

汉代人重生厚死，树立墓碑之风极盛，传至今世如《袁安碑》、《孔宙碑》、《鲁峻碑》等。

功德碑之形制与墓碑略同，多树立于城邑的要道通衢，寺院官署。内容主要为颂扬天地神灵，帝王将相，清官仁政等，如《祀三公山碑》、《大唐纪功颂碑》、《诸葛武侯碑》等。

记事碑，官刻者有朝廷敕令等文书及重要事件之记事，私刻者内容甚为广泛，凡修路造桥、敬天祈福、民间纪事等都曾入碑和墓志，如《礼器碑》、《史晨碑》、《张景碑》等。

汉碑的形制与功用，此后延续了下来，无意中为书法界留下了许多传世精品，且历朝历代都有优秀的作品，到三国，乃至两晋都有名碑存世，远至滇南，尚留下了举世称奇的"二爨"——《爨宝子碑》和《爨龙颜碑》。

书法史上别开生面的还有魏碑。魏碑，说的是北魏时期的书体，即指北朝碑刻。这是一种隶书过渡到楷书的书体，属于楷书范畴。当时北方在拓跋鲜卑的统治下，汉字书写出现了很多异体字，书法风格也显得质朴雄强，粗犷自然，虽然保存了隶书的意味，但是已经初具了楷书的规模，比起魏晋锺王的楷书，又是另一种稚拙、朴野的风貌，有鲜明的艺术特色，清代康有为对之推崇备至。康有为在《广艺舟双楫》中称赞魏碑有"十美"："古今之中，唯南碑与魏碑为可宗。可宗为何？曰有十美：一曰魄力雄强，二曰气象浑穆，三曰笔法跳越，四曰点画峻厚，五曰意态奇逸，六曰精神飞动，七曰兴趣酣足，八曰骨法洞达，九曰结构天成，十曰血肉丰美，是十美者，唯魏碑南碑有之。"

魏碑之后有唐碑，唐人讲究书法，唐碑上都刻有撰文和书丹人名，这是汉碑所没有的。这一时期的碑刻书法艺术有着很高的成就，可与书法昌盛的晋代相媲美。这时期书家辈出，流派众多，名碑、墨迹尚多，涌现出了许多著名的书法家。初唐时，写碑文的名家有褚遂良、虞世南、王知敬、欧阳询、欧阳通、薛稷，盛唐时，有颜真卿、李邕、蔡有邻、韩择木、梁升卿、徐浩，中晚唐有柳公权、沈传师、裴璘、唐玄度、刘禹锡，他们都写过不少碑文。李邕一生写了三十多块碑，颜真卿写的石刻文字有九十多种，史维则的隶书碑有四十多块，柳公权写的碑有六十多块。这几位书法大家的字迹一向受人珍护，可惜这许多石刻名迹，至今存者无多。他们的书法既有继承又有创新，并对楷书进行了大加工。这种唐代的楷书是继魏碑之后，我国书法史上又一大的楷书体系，长久以来成为楷书的正规风范。所以，这是任何朝代所无可比拟的，在我国书法史上，可以说是群星闪耀，百花盛开，绚烂无比的一个时代。

自古金石学家，尤其是书法家，在碑刻领域中，大多注重唐和唐以前的碑刻。自宋代起，尤其是元代后的碑刻不甚注重传统。而今日之课题已非纯粹书法范畴，唐以后文字碑刻亦需要仔细琢磨研究，亦是有很多可取之处，而且精品荟萃，非常可观！以宋代四大书法家为例，苏轼撰并书《司马温公神道碑》，此碑为苏轼奉旨撰书，书法端谨，存晋唐遗法，为苏轼之妙迹。黄庭坚的著名碑刻有《狄梁公碑》，范仲淹撰，黄庭坚书。明王世贞《弇州山人稿》云："昔人谓狄梁公事，范文正文之，黄文节书之，为海内三绝。"

东汉 熹平石经 河南省博物馆

元代的碑刻，当以才华横溢和有元一代公认的书法领袖赵孟頫居多。其中有《敕藏御服碑》，赵世延撰，赵孟頫书，在陕西省周至县。明赵崡《石墨镌华》卷六称："此碑亦婉媚，大都如《孙公道行碑》而稍逊其圆逸。"

明代的碑刻较为盛行，其数量甚多。《大明皇陵之碑》，俗称《皇陵碑》，立于安徽凤阳明皇陵神道侧，危素撰文，并遣李善长立碑。朱元璋嫌文臣碑文粉饰之辞不足戒子孙，乃亲自撰写碑文，立碑于神道之南，此碑巍峨挺拔，气势非凡。

清代国祚较长，碑学兴起，书学盛行，涌现了大量的书法名家，除为后世遗留下大量的墨迹外，更有数量甚多的碑刻。

自古石刻以表现原迹的风韵意态为主，被誉为"下真迹一等"。刻石需要三大工序，先由文学家撰文，再由书法家书写，最后由石匠完成刻石，缺一不可，我想，固然前两个环节非常重要，但最后的一个环节亦是成败的关键，所谓的石匠如果不是有极高书法造诣之人，大概很难把文字雕刻得如此出神入化。

石刻千年，每一个模糊的字迹都是历史的最好写照。我们在欣赏碑刻书法时，不由得去追索书法那磅礴大气与古拙的格调，试图在其中获得一种历史的、上古的遥远启迪，我们所面对着的，不是普通的文字碑刻，而是集自然、历史、社会、雕刻与书法美学为一体的综合艺术品。

西晋元康初年 骠骑将军韩寿墓表 洛阳博物馆

北齐 铁山摩崖石刻 位于邹城西北部,铁山之阳,北周大象元年(579年)刊刻。摩崖南北长61米,东西宽17米,为一斜坡约45度的巨大花岗岩石坪,总面积1037平方米。状如佛碑形制,除了佛经刻字外,左部有《石颂》刻字,还有"东岭僧安道壹署经"等3处题名刻字。

北齐 文殊般若经残石 石厚堂藏石

北魏 造像文字 巩义石窟

唐 梵网经菩萨戒序残石 程永怡藏石

石刻法帖

　　石刻法帖是石刻中的一类，是我国书法流传的形式之一。所谓石刻法帖，是指摹刻在石板上的书法，经捶拓、影印、装裱而成的可供人效法或欣赏的作品。

　　石刻法帖与碑刻的区别主要有三点：①目的与功用不同。立碑的功用在于纪事颂功，皆以事功流芳百代为目的，而刻帖则目的在于为学书者艺用。②形制不同。碑有汉代形成的一定形制，而帖多为横石，镶嵌于厅堂或庭院壁间，用于展示和拓帖。③刻石之法与捶拓均不相同。一般说，法帖选刻历代帝王、名臣或名家的墨迹，以供人临摹和欣赏，因而法帖具有欣赏性和可效法性。研习用的法帖起于何时，各家说法不一，现在所见最早的法帖则是北宋时期刻的《淳化阁帖》。

　　石刻法帖，每石高尺许，宽约二至三尺，每卷有标题，并附书者名，亦有摩勒时期的。法帖又有单帖和集帖之分。将多种古今名帖汇为一帖者称"集帖"，亦称"汇刻丛帖"或"套帖"，其中又有集历代书家名迹和集一家多种墨迹之别，集帖一般都分为若干卷，多者可达百余卷。

　　石刻法帖在推动我国书法艺术的发展方面起到了重要作用。宋代法帖大兴以后，人们开始从历代名人法书中吸取精髓，省悟其意。传说宋代书家米芾学习古人书法，既广博又用功，他经常向别人借古法帖来临摹，然后把摹本与真迹一起还给人家，使人很难分出真假。他的书法神采飞扬，突破了前人模式，给人以气韵舒朗之感。其用笔犀利精熟，能八面出锋。当时的苏轼、黄庭坚也都深受法帖的影响，流传下不少为人称道的作品，如苏轼的《祭黄几道文》，用笔饱满，意味温厚，严谨而有活气，为其最精之楷书墨迹，黄庭坚的《松风阁诗》、《惟清道人帖》墨迹苍秀开朗，有昂藏之态。继之，书家墨客争相效法，善书者不乏其人，行书成为其间的主要书体，变晋、唐行书之含蓄，而极力追求其神采发越，尽态极妍。"帖学"之风蔚为壮观。

　　明代，由于当时的最高统治者明成祖、孝宗、神宗等大力提倡赏帖遣兴，所以刻帖者尤多。明代中叶，政治禁闭松弛，经济发展，思想活跃，使不少书家放弃了长期倡导的台阁体，而从法帖中学悟书法三昧。如同文彭所说："古人名迹，愈阅愈作，仆性善草书，每一阅，必有所得，益知古人不易到也。"在这方面最有成就者首推师法怀素，一是兼学黄庭坚、米芾的祝允明。他的小楷肥厚遒劲，很得大小浓纤、斜正疏密的变化之趣，草书亦是纵逸不群，并且长于运用偏锋，以造成千姿百态。二是取法王献之、智永的王宠。他的书法既有王献之的俊丽疏爽，又有虞世南的遒劲丰润，表现了书家潇洒欲仙的翩翩风度。三是学颜，并博涉晋唐宋诸贤的董其昌，其书法生拙而至秀，笔画用墨层次分明，一生追求自然洒脱又其味无穷的平淡天真的艺术境界。至清代，法帖已有近一千年的历史，王铎、傅山等亦皆深得法帖之神髓，他们在继承前贤的基础上，形成了各自不同的风格，为人们所钦佩。

由上所述，法帖收罗了无数名家不同风格的墨迹，就书法而言，自是丰富多彩，尤其是诸多名人墨迹，原本已佚，只靠法帖得以流传。

　　法帖在供人欣赏和效法的同时，亦具有石刻的文献性。如同姜夔在《绛帖平》序中云："帖虽小技，而上下千载，关涉史传为多。"宋代的《钟鼎款识》帖，刻了许多古金文，《甲秀堂帖》缩摹了"石鼓文"，保存了古代的金石文字资料。宋《淳熙秘阁续帖》所刻的李白自写的诗，龙蛇飞舞，使我们更得以印证诗人豪放的性格。《凤墅帖》里刻有岳飞的信札，是可信的真笔。至于孙过庭的《书谱》帖，更是对我国书法的发展、书写技巧等，作了精辟的阐述，它不仅是一部难得的艺术佳品，同时还是一部有价值的书法理论著作，为今后的学习研究提供了宝贵资料。

　　历史上著名的法帖有《淳化阁帖》、《绛帖》、《潭帖》、《大观帖》、《宝晋斋法帖》、《真赏斋帖》、《停云馆帖》、《余清斋帖》、《墨池堂选帖》、《快雪堂法书》、《三希堂法帖》等。法帖不仅是石刻中的一类，亦是一批重要的文字史料，对于研究我国书法艺术具有极高的学术研究价值。

清 木兰诗帖 祇园古美术藏石

明 秦邮帖 瞻源藏石

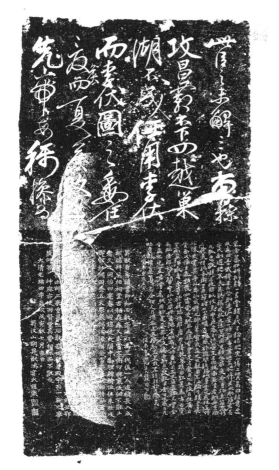

清　岳飞书诸葛亮《后出师表》　瞻源藏石

明　文字残石　瞻源藏石

百仞一拳，千里一瞬，坐而得之。

冬人昌后

卷五

文人精神

　　文人赏石，赏石只属于文人。

　　其自然、坚贞、孤介、沉稳、恒久之精神，乃文人之最好写照。纯粹精神上的东西是无法用语言来表达的，让我们追根溯源，先了解一下文人之情怀，方可体会到赏石与文人之间的关系，进而承继到古代文人之精神，才可感受到赏石之美。

　　自古文人皆清高自负，遗世而独立。漫步千年文坛，自楚辞伊始，屈原以楚国大夫贵族之身"长太息以掩涕兮，哀民生之多艰"，然而只落得"众果以我为患"，颠沛流离，国灭后投江而亡。这是屈子辅王佐政平天下，泽被苍生的美好愿望破灭后的无奈，是文人特立独行的思想与纯洁高尚之情操纠集的结果。

　　"安能摧眉折腰事权贵，使我不得开心颜！"面对最高皇权统治者唐明皇及宠侍，太白居然能令贵妃研墨、力士脱靴，这份狂傲实在令食嗟来之食者不能理解。

　　清高莫过嵇康，无论西晋权贵如何笼络，不为所动，不愿出仕，好友山涛劝其就范，愤而写下《与山巨源绝交书》，洋洋洒洒，垂范千秋文坛。面对死亡，于刑场从容弹奏一曲《广陵散》，曲罢叹道："《广陵散》于今绝矣！"

　　天地有正气，文人之风骨贯穿宇宙，如苏东坡所言："浩然正气，不依形而立，不恃力而行，不待生而存，不随死而亡矣。故在天为星辰，在地为河岳，幽则为鬼神，而明则复为人，此理之常，无足怪者。"

　　文人肩负着责任、使命，有一种生存的浩然正气，大义凛然，超拔清逸，荣则泽被天下苍生，辱则舍身成仁取义，进能为社稷百姓进言，退不谋衣食口腹之欲。

　　文人的风骨是以自己的方式存在的，它不媚俗，不崇贵，不惧强，不凌弱，不会随波逐流，就像是熠熠生辉的蓝田美玉，暗香馥郁的灵芝香草，是代代相承的中华之魂！因有这种精神，华夏才能在这几千年数度变迁中世代传承而生生不息。

　　自始至终，中国古代文人无法摆脱"儒释道"三教对他们的影响，儒家尽"人道"，释家求"佛道"，道家穷"天道"，在这浩瀚无穷的思想交错中思维、处世和升华成为中国古代文人的宿命。

　　儒家重伦理，讲究修身齐家治国平天下，推崇人格之美；道家以"道"为核心，崇尚自然，主张清静无为，道骨仙风；释家重因果轮回，慈悲为怀，普度众生。

　　因为有了儒释道，中国的文人是幸运的，三教为他们开拓了极为广阔的现实和精神上的生存空间，使他们既有现实的家园，又有精神的归宿，使得中国文人在生活中能够进退自如，游刃有余。

与此同时，中国文人又是不幸的，三教给他们的许诺是成圣、成仙或成佛，都具有极强的诱惑力，使他们在渴望博取功名的同时，又艳羡山林的清静与高雅，更期盼蓬莱仙山和西方净土中的仙佛生活。儒释道在整合中国文人性格的同时，又在撕裂着他们的性格，使得中国文人的精神变成儒释道精神的矛盾统一体。

在"入世"中又渴望"出世"，文人在此复杂交织的精神中形成的是双重或多重人格。寻一处名山秀水，遁世隐逸，在中国古代文人中，似乎已经成为一种潮流。洗耳的许由，凤歌笑孔丘的楚狂人，曳尾于涂中的庄子，隐居竹林、放浪形骸的竹林七贤，不事王侯、耕钓富春山的严子陵，梅妻鹤子的林和靖等古代文人都以自己独有的姿态向世人展示了他们对于山水的喜爱。

"夫衣食，人生之所资；山水，性分之所适。"中国的大好河山孕育了独特的中国文化，也将灵性根植于中国文人的心怀。依托山水，中国文人抒发了对于生命的思考，对于自然的探究，对于远古的反思。"诗人之于宇宙人生，须入乎其内，又须出乎其外。入乎其内，故能写之，出乎其外，故能观之；入乎其内，故有生气，出乎其外，故有高致。"出与入之间，中国文人便与山水有了不可割舍的情结。每一个中国文人心中都有一个归隐山林的梦想。

"人法地，地法天，天法道，道法自然。"这是老子长久与山林、大自然为伍，与天地宇宙为伴的对话。而庄子的"天地与我并生，万物与我为一"亦是在此种境界中由衷发出的感叹。这是他们长久地置身于天地、隐于山水中悟出来的，道家所倡导的"天人合一"后来成为了中国古代文人孜孜以求的生命境界。

再有就是文人参禅悟道，明心见性，是他们对宇宙、生死等人类未知世界的思考，他们视角的高度与佛教的普度众生的情怀相合。同时，当受到挫折或不得其志时，理想与现实的矛盾亦会使他们陷入自我不能解脱的苦闷，于是佛教的禅宗思想成了解决他们的思想矛盾和苦闷的妙方，向往净土的极乐，以求无生之生。

佛法中深藏着许多高深的智慧，那是对宇宙、空间、现实以及未来的理解与诠释，得道高僧自古与文人交往频繁，彼此能够产生共鸣与交流。故，古往今来，文人如柳宗元、白居易、刘禹锡、王维、苏东坡等和僧侣的交往轶事在民间广为流传，诗歌墨迹不绝于深山古刹之中。当柳宗元看到众生之苦，求解不得，在《永州龙兴寺修净土院记》中写道："中州之西数万里，有国曰身毒，释迦牟尼如来示现之地。彼佛言曰：西方过十万亿佛土，有世界曰极乐，佛号无量寿如来。其国无有三恶八难，众宝以为饰；其人无有十缠九恼，群圣以为友。有能诚心大愿归于是土者，苟念力具足，则往生彼国。然后出三界之外，其于佛道无退转者，其言无所欺也。……呜呼！有能求无生之生者，知舟筏之存乎是。"

南朝·梁 萧绎 职贡图（宋摹本） 南京博物院

苏轼一生宦海沉浮，仕途的不幸与挫折使他大彻大悟，通判杭州时，遍游佛寺，结交高僧，自称"东坡居士"。苏轼是一个深受儒家思想影响的传统文人，"达则兼济天下，穷则独善其身"的儒家人生哲学与处世态度，让他能积极地去进取；而佛教、道教的那种清静无为、明心见性的哲思，又使其超然于世。他的那种非吾之所有，虽一毫而莫取之的旷达胸怀，那种目与心合、神与物游的精神状态以及他的那种开阔的胸襟和气度，无一不体现出他在这三者之间游走的心态。

文人群体是中国人民的精华所在，想要准确地诠释文人的定义确实很难，但虽不能言传，却可以意会，前提是你要具备与历代文人相同的血脉。他们是华夏的精髓，是集智慧与品德于一身的优秀群体，这兼具儒释道的文人精神在华夏的历史长河中时时闪耀，固执而顽强地传承着，深深地流淌在文人的血液中，火烧不尽，风吹又生，永不磨灭！

文人性癖而不与人同，雅事当属明代陈继儒《太平清话》所云："凡焚香、试茶、洗砚、鼓琴、校书、候月、听雨、浇花、高卧、勘方、经行、负暄、钓鱼、对话、漱泉、支丈、礼佛、尝酒、宴坐、翻经、看山、临帖、刻竹、喂鹤，皆一人独享之乐。"

明代乃赏石最盛之时，为何文人雅士里独缺赏石一乐？

诚然，文人赏石岂止文人乐事，实乃赏石与文人已融为一体，文人不仅仅是在享受赏石形态之美，更是以石喻己，在文人心中，石即是己，己更像石，在难分彼此中寄托了文人无限的思绪与情感。

文人遗世而居，极其自我，不愿被人所知而孤傲自赏。就像文人精神之不易阐述，一块顽石，更是晦涩而难以理解。赏石，完全是文人的隐私，想要解读赏石，首先自己要具备文人精神，此为惟一之前提也！

赏石　留余斋藏石

清 石几 留馀草堂藏石
明 立峰 留余斋藏石

赏 石

　　首先，赏石隐喻的是文人之精神，精神是无形的，不可直观，而在这文人附体的具象赏石中，亦是难以表述。

　　"石不能言最可人"，它沉默而宁静，对于此种艺术形式本无需多言，打扰这种深邃孤寂之美亦无趣之极。

　　文人与赏石的不了之缘形成了这千年的赏石文化，文人以石为师、以石为友、以石为志，代表着中国古代文人最高的审美情趣，更是我国独有也是独特的一种艺术表现形式。

　　从唐代始，在阎立本的《职贡图》中已见赏石雏形，后宋代杜绾的《云林石谱》开始归纳总结，是赏石文化全面发展的重要标志。至明代，林有麟著有《素园石谱》，更是记录详尽，并赋予理论学说和统一形制，使灵璧、太湖、英石、昆石被列为四大名石，世人争相效仿而欲得之，流传甚广。在审美上，唐有苍、拙、灵、秀，后有米万钟敬石为丈，归纳瘦、透、漏、皱，再到苏轼提出丑石之说，及至板桥等人观点，皆非今世吾等所能企及，唯师法古人，尽力理解传承而已。

　　"石道、书道玄妙，必资神遇，不可以力求也；机巧必须心悟，不可以自取也。"其中之妙必有神悟，当以神会，无需多言，仅让我们感受一下石头与古代文人的不了之情吧。

　　那我们就先从白居易说起，他以石为题，一生写有《太湖石》、《双石》、《莲石》、《问友琴石》等诸多诗篇，《太湖石记》中的一段对太湖石的描写充分表达了作者对赏石的理解与挚爱："厥状非一：有盘拗秀出如灵丘鲜云者，有端俨挺立如真官神人者，有缜润削成如珪瓒者，有廉棱锐刿如剑戟者。又有如虬如凤，若跧若动，将翔将踊，如鬼如兽，若行若骤，将攫将斗者。风烈雨晦之夕，洞穴开颏，若欲云歇雷，嶷嶷然有可望而畏之者。烟霁景丽之旦，岩墀霭，若拂岚扑黛，霭霭然有可狎而玩之者。昏旦之交，名状不可。撮要而言，则三山五岳、百洞千壑，覶缕簇缩，尽在其中。百仞一拳，千里一瞬，坐而得之。此其所以为公适意之用也。"

　　谈到赏石，又不得不提起那个极具文人风骨的东坡居士，其至扬州获二石，其一绿色，冈峦迤俪，有穴达于背，其一玉白可鉴，渍以盆水，置几案间。忽忆在颖州日，梦人请往一官府，榜曰：仇池。觉而诵杜子美诗曰："万古仇池穴，潜通小有天。"乃戏作小诗，为僚友一笑。

　　梦时良是觉时非，汲井埋盆故自痴；
　　但见玉峰横太白，便从鸟道绝峨嵋。
　　秋风与作烟云意，晓日令涵草木姿，
　　一点空明是何处，老人真欲住仇池。

清 英石 留余斋藏石

清 灵璧石 留馀草堂藏石

清 灵璧石 留余斋藏石

东坡嗜石成癖，又遇湖口人李正臣，蓄异石九峰，玲珑宛转，若窗灵然，予欲百金买之与仇池石为偶，方南迁，未暇也，名之曰"壶中九华"，且以诗记之。

清溪电转失云峰，梦里犹惊翠扫空。

五岭莫愁千嶂外，九华今在一壶中，

天池水落层层见，玉女窗虚处处通，

念我仇池太孤绝，百金归买碧玲珑。

但欲百金买碧玲珑而未果，留下"念我仇池太孤绝，尤物已随清梦断"的遗怨。

宋代诗人中咏石最多最妙的是苏东坡，而黄庭坚步苏氏之后，作《追和东坡壶中九华》，可谓文人趣事。

有人夜半持山去，顿觉浮岚暖翠空。

试问安排华屋处，何如零落乱云中。

能回赵璧人安在，已入南柯梦不通。

赖有霜钟难席卷，袖椎来听响玲珑。

文人咏石赏石，而留下轶事最多者又怕是非米芾莫属了，脍炙人口的莫过于"米芾拜石"的故事。宋人叶梦得《石林燕语》卷十有载："（米芾）知无为军，初入州廨，见立石颇奇，喜曰：'此足以当吾拜。'遂命左右取袍笏拜之，每呼曰：'石丈'。言事者闻而论之，朝廷亦传以为笑。"这事还被载入了《宋史米芾传》。在宋人费衮的《梁溪漫志》卷六中，记有米芾另一件拜石之事："米元章守濡须，闻有怪石在河壖，莫知其所自来，人以为异而不敢取，公命移至州治，为燕游之玩。石至而惊，遽命设席，拜于庭下曰：'吾欲见石兄二十年矣'。"为此，后人有诗赞曰："唤钱为兄真可怜，唤石作兄无乃贤。望尘雅拜良可笑，米公拜石不同调。"

米芾对石玩的痴，还表现在涟水为官这件事上。米芾知安徽灵璧出佳石，就要求到灵璧的涟水为官。米芾既为石来，他的心思也就多用在石上，对职守自然就不全然在意，为此，招致上方对他工作的勘查。《宋稗类钞》于此事记之甚详："米元章守涟水，地接灵璧。蓄石甚富，一一品目，加以美字。入画室则终日不出。时杨次公为察史，知米好石废事，因往廉焉。到郡，正色言曰：'朝廷以千里付公，汲汲公务，犹惧有阙，那得终日弄石。'米径前以手于左袖取一石，其状嵌空玲珑，峰峦洞壑皆具，色极清润。米举石宛转示杨曰：'如此石安得不爱？'杨殊不顾，乃纳入左袖。又出一石，叠嶂层峦，奇巧又甚。又纳之左袖。最后出一石，尽天划神镂之巧。又顾杨曰：'如此石安得不爱？'杨忽曰：'非独公爱，我亦爱也！'即就米手攫取之，径登车去。"

米芾诙谐古怪，一生博雅好石，其在世人眼里亦疯亦癫，难以理喻，但此种性情恰与石相合，借用伯虎一诗句来诠释之："别人笑我太疯癫，我笑他人看不穿。"

自许山翁懒是真，纷纷外物岂关身。

花如解笑还多事，石不能言最可人。

净扫明窗凭素几，闲穿密竹岸乌巾。

残年自有青天管，便是无锥也未贫。

陆游赋闲低吟《闲居自述》，一句"石不能言最可人"，述尽玩石三昧。

清 彩灵璧石 留馀草堂藏石

清 灵璧石 曢源藏石　　　　　　　　　清 赏石（石质不祥）留馀草堂藏石

清 英石 留余斋藏石

清 灰灵璧石 可园藏石

清 猛犸象牙化石 暗源藏石

明　太湖石　可园藏石

清 灵璧石 留余斋藏石

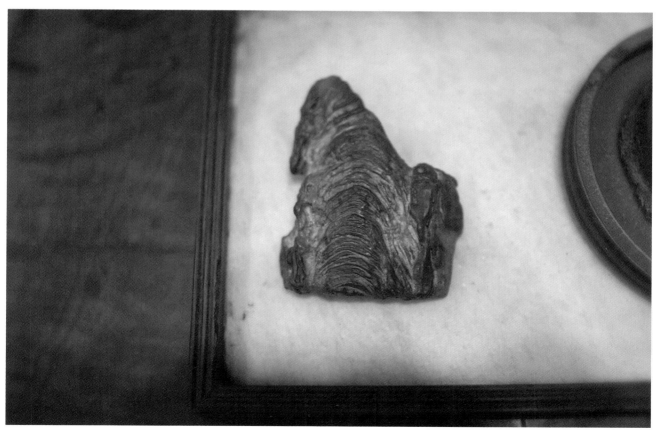

清 文石 留余斋藏石
清 五彩灵璧 研山堂藏石

鬼斧神工幽蓝焰，雕龙刻凤一刀寒。

造型各異的石獸

造型各异的石兽

　　中国的石雕造型种类繁多，其中以动物的形象为基础的雕塑数量最多，且用途广泛。

　　从西汉的马踏匈奴，到东汉、六朝的辟邪、天禄，再到北朝的镇墓神兽，隋唐时期的石狮、六骏，及至唐、宋更是出现了越来越多的动物造型。除了陵墓石雕里的狮子、虎、牛、象、马、骆驼、麒麟等石兽，还有龙生九子的囚牛、睚眦、嘲风、蒲牢、狻猊、赑屃、狴犴、负屃、螭吻以及桥上的吸水兽、镇水兽，海里的海八怪，寺庙里的望天吼、角兽、菩萨们的坐骑，再到园林中的各种石雕动物，上到皇家的龙腾凤舞，下至民间的门墩石狮、各种拴马石兽，可谓是千姿百态，丰富多彩。

　　从收藏的角度来说，这无疑可以成为一个门类，它们以圆雕和浮雕的形式或独立存在，或装饰于各类石器之上，各种各样，蔚为大观。在艺术追求上，从汉代的浪漫奔放，到六朝的雄浑华美，从北朝的神秘瑰丽，到盛唐的大气磅礴，从宋代的细腻秀美，到辽、金的粗犷豪放，从元代的饱满威仪，到明清的温顺敦厚，两千余年，每一个时期皆特点鲜明。我们深谙其中，对待每一个时期的不同种类的石兽，我们要调整好视角，发现属于那个年代的闪光点。

　　今天，这些石兽的历史价值、文化价值、艺术价值还没有被充分挖掘出来，特别是唐以后的众多品类，不论是纯粹之美还是工艺之美，都需要我们去发现。朋友们，去探索属于它们自己的独特之美吧！

　　　　　　唐 玄武 西安碑林博物馆　　　　　　　　　　　　　北朝 狮 石庐藏石

北魏　兽　河南省博物馆　初见此兽，身心完全为之震撼！眼前仿佛是一头来自远古的蛮荒异兽从天而降，那匪夷所思的造型，奇异的纹饰，令人神晕目眩。

隋　狮　洛阳博物馆
唐　趴兽　小雁塔博物馆

唐 狮 尚古藏石

唐 狮 河南省博物馆

西魏大统十七年 兽 源于魏文帝永陵，现存西安碑林博物馆

唐 石蟾蜍 洛阳博物馆

唐 兽 陕西华厦石刻博物馆
宋 狮 瞻源藏石

隋 狮 通古堂藏石

金 角兽 留余斋藏石

金 望天吼 陕西华厦石刻博物馆

北魏 兽 洛阳博物馆

汉 羊 私人收藏
宋 菩萨坐骑 私人收藏

金 望天吼 私人收藏

明 螭首 私人收藏

清 骆驼 清东陵之孝陵

元 虎 河北省博物馆

清 麒麟 清东陵之孝陵

元 狮 石庐藏石 款识为：大元至正元年二月。

元　赑屃　私人收藏
元　螭首　河北省博物馆

明 桥头兽 私人收藏　　　　　　　　　　　东魏北齐 兔型石镇 邺城博物馆
　　明 马 十三陵　　　　　　　　　　　　　　隋 石镇 石佛居藏石

　　　　　　　　　　　　　明 狮 孔庙

明 羊 私人收藏

清 鱼 圆明园

明 镇水兽 留余斋藏石 在一个充满古意的环境里，石雕的存在，更加增添了历史的厚重与沧桑。

雕栏玉砌应犹在，只是朱颜改。

还有那些建筑构件

卷七

还有那些建筑构件

世界上最优秀、最伟大的建筑都离不开石雕装饰构件。

石头是人类最古老的建筑材料之一，其坚固、耐久的材料特性与人类追求永恒存在的观念有着相通之处，因而在建筑领域得到了广泛的运用。早在原始社会就出现了规模宏大、布局复杂的纪念性巨石建筑，带有强烈的宗教色彩并孕育着艺术的萌芽。

将石材应用到中国建筑中的方法有着悠久的历史，创造出了很多建筑奇迹。历代皇宫、庙宇、园林、官邸大宅无不以石作为建筑装饰，只是曾经的辉煌由于多年战乱沉浮而惨遭毁灭，今天已不复存在，只在遗迹和当地出土的石器残件中方可一窥当年之风采。

中华大地数易其主，前朝多被埋入黄土，而今现存的建筑以明清两代为多。在这些消失或存在的建筑中，无处不见石材在建筑中所表现出来的人文精神，它总是出现在最为恰当的位置上，起到画龙点睛的作用。

无论是塔、堂、亭、桥，还是阙、牌坊、华表、石幢、碑碣、石座、石兽、石灯，或是台基、须弥座、柱础、栏杆、台阶之类，及至支离碎石皆为构件。或是风蚀千年，或是出土重现，或是一横一段，或是一角一面，它们都能把我们带入那历史长河之中，能因之感受到那曾经的辉煌。

在这些构件上面的一点一线同样渗透着古代雕塑师的智慧、技巧与汗水，窥一斑而见全貌，足矣！

环境中的石构件 留余斋藏石

汉 四神柱础 河南省博物馆

清 圆明园残石 这些西洋风格的石雕构件默默地伫立在那里，她们的存在证明了清中早期的繁华与辉煌，也见证了那段沉重的历史，仿佛在向我们诉说着什么……

金　塔基　福海藏石
明　基座残件　程永怡藏石

明 柱头 南京博物院

清 桥栏板 五桂山堂藏石 汉白玉石制，从纹饰上可以看到明显的西方元素，此乃典型的圆明园风格。

明 牌坊下坐龙 青州博物馆　　　　　　　　　　　　　　　　　明 华表构件 张克藏石

明 石供桌面 私人收藏
明 螭首 孔庙

臧　毅，20 世纪 70 年代生于北京，幼学西画，后求学设计于梁溪，半生笔墨相随。吾本山野林下人，只想醉觉乾坤，闲知日月。

多年前的一个偶然，接触到一块古代赏石，爱不释手。触摸中，仿佛执手于古人，不禁暗自蹉跎，怅然怀古，感悟千年后因之而能心灵感应，对话圣贤。

爱屋及乌，后来又迷失于高古造像的出世之美，延伸到对明清石雕的痴迷，震撼于唐代石雕的雄壮完美，探索到中古石雕的诗情画意，惊叹于汉隶、魏碑，沉醉于万园之园，匍匐于昭陵六骏，膜拜于北朝传奇，无法自拔，如醉如痴。

与石有缘，不仅沉醉于石雕艺术之美，石雕的顽强、坚韧、沧桑、孤介之性格亦使我迷恋。自迷恋上古代石雕，更是深爱上中国古代文化，追忆千年，神交古人，心胸豁然开朗，天地宇宙万物皆在谈笑间，期待大悟，追求不惑。虽资质愚钝，但即使仅能发现并感悟古人之思想，亦不枉往来人世一遭，平生足矣！

在我说长不长说短不短的收藏历程中，直到接触古代石雕后，方始真正感受到收藏之乐趣。石雕作为一个独立的收藏门类，除高古造像、文房赏石外（此二项早期以西方人收藏为主，不过百余年，在中国亦经历文化断层），才刚刚开始被世人认知，无师无书，百废待兴，充满了机会与挑战，其乐融融，甘苦自知，收藏之乐，乃为极致。

欲写本书，想法已久，迟迟未能动笔，或是闲散惯了的缘故，抑或是石雕的多种多样、毫无定式的难度使我一直举步不前。

我本闲云野鹤，一向天马行空，这点与石雕之脾性暗合，思来想去，我们不如抛开那些条条框框，为什么不干脆感性一些呢？

那就让我们用单纯唯美的情怀去感受那古代石雕之美吧！本书以此为主导思想，与大家一同去感受那个纯美之世界。

凡是笔者认为辉煌的年代，对于美丽的石雕，会从唯美的角度去阐述，反之则一笔带过。石雕的分类也比较感性，而且互有重叠，看似繁琐，但笔者认为对于错综复杂的石雕来说，这种感性也许才是最好的理性。

对于这些归结于田野文化的石雕艺术品，我以为美即其本质要素，并常常以此来衡量它们的价值，我想，这应该是对它们最好的诠释。就像我在赏石篇中所说："文人赏石，赏石只属于文人。"大美无言，这复杂多样的中国古代石雕，只属于能发现美，并且真正能够理解艺术之人！

一家之言，抛砖引玉，与友共勉。

臧　毅
写于古石一房